학습 스케줄표

공부한 날짜를 쓰고 학습한 후 부모님·선생님께 확인을 받으세요.

1주

쪽수		공부한 날	확인
준비	6~9쪽	월 일	확인
1일	10~13쪽	월 일	확인
2일	14~17쪽	월 일	확인
3일	18~21쪽	월 일	확인
4일	22~25쪽	월 일	확인
5일	26~29쪽	월 일	확인
평가	30~33쪽	월 일	확인

2주

쪽수		공부한 날	확인
준비	36~39쪽	월 일	확인
1일	40~43쪽	월 일	확인
2일	44~47쪽	월 일	확인
3일	48~51쪽	월 일	확인
4일	52~55쪽	월 일	확인
5일	56~59쪽	월 일	확인
평가	60~63쪽	월 일	확인

3주

쪽수		공부한 날	확인
준비	66~69쪽	월 일	확인
1일	70~73쪽	월 일	확인
2일	74~77쪽	월 일	확인
3일	78~81쪽	월 일	확인
4일	82~85쪽	월 일	확인
5일	86~89쪽	월 일	확인
평가	90~93쪽	월 일	확인

4주

쪽수		공부한 날	확인
준비	96~99쪽	월 일	확인
1일	100~103쪽	월 일	확인
2일	104~107쪽	월 일	확인
3일	108~111쪽	월 일	확인
4일	112~115쪽	월 일	확인
5일	116~119쪽	월 일	확인
평가	120~123쪽	월 일	확인

Chunjae
Makes
Chunjae

기획총괄 박금옥
편집개발 윤경옥, 박초아, 김연정, 김수정
임희정, 조은영, 이혜지, 최민주
디자인총괄 김희정
표지디자인 윤순미, 김지현, 심지현
내지디자인 박희춘, 우혜림
제작 황성진, 조규영

발행일 2022년 11월 1일 초판 2022년 11월 1일 1쇄
발행인 (주)천재교육
주소 서울시 금천구 가산로9길 54
신고번호 제2001-000018호
고객센터 1577-0902

※ 정답 분실 시에는 천재교육 교재 홈페이지에서 내려받으세요.
※ KC 마크는 이 제품이 공통안전기준에 적합하였음을 의미합니다.
※ 주의
책 모서리에 다칠 수 있으니 주의하시기 바랍니다.
부주의로 인한 사고의 경우 책임지지 않습니다.
8세 미만의 어린이는 부모님의 관리가 필요합니다.

1-A 문장제 수학편

요즘 학생들은 책보다 스마트폰에 빠져 있고 모르는 어휘도 많아서 **글을 읽고 이해하는 능력**, 즉 **문해력**이 부족한 경우가 많아요.

수학 문제도 3줄이 넘어가면 아이들이 읽기 힘들어 하고 무슨 뜻인지 이해하지 못하는 경우가 많지요. 그래서 수학 문제를 푸는 데에도 **문해력이 필요**해요!

<초등문해력 독해가 힘이다 문장제 수학편>은
읽고 이해하여 문제해결력을 강화하는 수학 문해력 훈련서입니다.

매일 4쪽씩, 28일 학습으로
자기 주도 학습이 가능 해요.

《 수학 문해력을 기르는
준비 학습

준비 학습 **문해력 기초 다지기** 문장제에 적용하기

◎ 기초 문제가 어떻게 문장제가 되는지 알아봅니다.

1 왼쪽에서 둘째에 ○표 하기 » 사진을 찍기 위해 한 줄로 서 있습니다.
왼쪽에서 둘째에 서 있는 어린이는 누구인가요?
유리 소윤 승호 진아 민재
답 ____________

2 오른쪽에서 둘째에 ○표 하기 » 동물들이 한 줄로 서 있습니다.
오른쪽에서 둘째에 서 있는 동물은 무엇인가요?
호랑이 닭 원숭이 사자 토끼 다람쥐
답 ____________

3 1 2 3 4 ○ » 달리기를 하여 진호는 **4등**을 했습니다.
진호 **바로 뒤**에 서윤이가 들어왔다면
서윤이는 몇 등을 했나요?
답 ____________

문장제에 적용하기
연산, 기초 문제가 어떻게 문장제가 되는지 알아봐요.

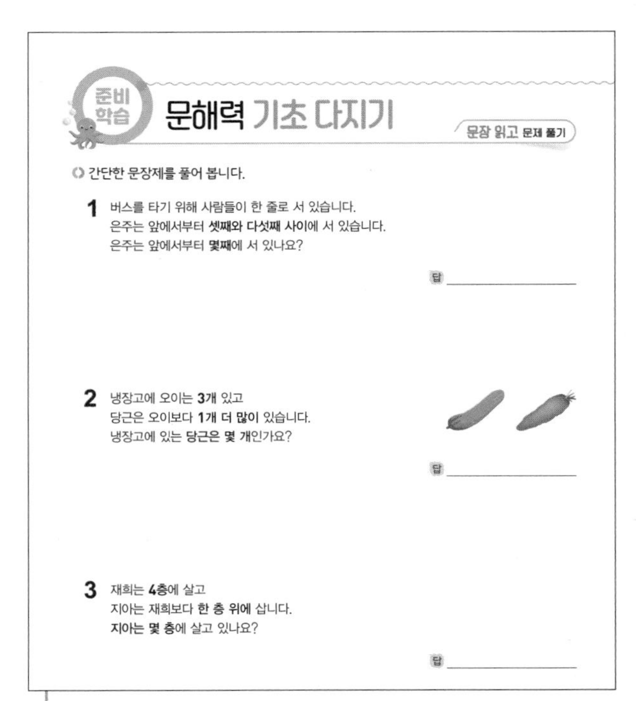
준비 학습 **문해력 기초 다지기** 문장 읽고 문제 풀기

◎ 간단한 문장제를 풀어 봅니다.

1 버스를 타기 위해 사람들이 한 줄로 서 있습니다.
은주는 앞에서부터 **셋째와 다섯째 사이**에 서 있습니다.
은주는 앞에서부터 **몇째**에 서 있나요?
답 ____________

2 냉장고에 오이는 **3개** 있고
당근은 오이보다 **1개 더 많이** 있습니다.
냉장고에 있는 당근은 **몇 개**인가요?
답 ____________

3 재희는 **4층**에 살고
지아는 재희보다 **한 층 위**에 삽니다.
지아는 몇 층에 살고 있나요?
답 ____________

문장 읽고 문제 풀기
이번 주에 풀 문장제 유형의 가장 단순한 문장제를 풀면서 기초를 다져요.

수학 문해력을 기르는

1일~4일 학습

문제 속 핵심 키워드 찾기 → 해결 전략 세우기 → 전략에 따라 문제 풀기 → 문해력 레벨업 으로 이어지는 학습법

관련 단원 9까지의 수

문해력 문제 7

달고나 뽑기를 하기 위해/ 8명이 한 줄로 서 있습니다./ 앞에서부터 둘째와 일곱째 사이에 서 있는 사람은/ 모두 몇 명인가요?
└ 구하려는 것

문해력 어휘: 달고나: 불 위에 국자를 올리고 거기에 설탕과 소다를 넣어 만든 과자

해결 전략

8명이 한 줄로 서 있으므로

❶ ○를 8개 그린 후 앞에서부터 둘째와 일곱째를 찾는다.

둘째와 일곱째는 포함되지 않으므로

❷ 둘째와 ☐째 사이에 있는 ○의 수를 세어 본다.

문제 풀기

❶ 8명을 ○로 나타낸 후 앞에서부터 둘째와 일곱째에 색칠하기

(앞) ○ ○ ○ ○ ○ ○ ○ ○

❷ 위 ❶의 그림에서 앞에서부터 둘째와 일곱째 사이에 서 있는 사람은 모두 ☐명이다.

답 ________

문해력 레벨업: 기준에 맞는 순서를 찾고 그 사이에 있는 사람 수를 구하자.

●째와 ■째 사이에 ●째와 ■째는 포함되지 않는다.

예 앞에서부터 둘째와 다섯째 사이 / 앞에서부터 둘째와 뒤에서부터 셋째 사이

(앞) 둘째 다섯째 / (앞) 둘째 셋째 (뒤)

문제 속 핵심 키워드 찾기

문제를 끊어 읽으면서 핵심이 되는 말인 주어진 조건과 구하려는 것을 찾아 표시해요.

해결 전략 세우기

찾은 핵심 키워드를 수학적으로 어떻게 바꾸어 적용해서 문제를 풀지 전략을 세워요.

전략에 따라 문제 풀기

세운 해결 전략 ❶ → ❷ → ❸의 순서에 따라 문제를 풀어요.

문해력 레벨업

수학 문해력을 한 단계 올려주는 비법 전략을 알려줘요.

문해력 문제의 풀이를 따라

쌍둥이 문제 → 문해력 레벨 1 → 문해력 레벨 2 를

차례로 풀며 수준을 높여가며 훈련해요.

수학 문해력을 기르는

5일 학습

HME 경시 기출 유형, 수능대비 창의·융합형 문제를 풀면서 수학 문해력 완성하기

9까지의 수

우리는 물건의 개수를 셀 때나 나이를 말할 때 등 실생활의 여러 상황에서 9까지의 수를 이용하고 있어요. 다양한 수의 의미를 알고 9까지의 수의 순서를 이해하여 자신 있게 문제를 해결해 봐요.

이번 주에 나오는 어휘 & 지식백과

15쪽 투호 놀이

일정한 거리에 놓인 통에 화살을 던져 누가 많은 수를 넣는가를 겨루는 놀이

19쪽 경복궁 (景 볕 경, 福 복 복, 宮 집 궁)

서울특별시 종로구 세종로에 있는 조선 시대의 궁전으로 1963년 1월 21일 사적(국가가 법적으로 지정한 문화재) 제117호로 지정되었다.

19쪽 국립중앙박물관 (國 나라 국, 立 설 립, 中 가운데 중, 央 가운데 앙, 博 넓을 박, 物 물건 물, 館 집 관)

역사와 문화 예술의 참고가 될 문화재를 수집하고 보관하는 곳

22쪽 달고나

불 위에 국자를 올리고 거기에 설탕과 소다를 넣어 만든 과자이다. 달고나 뽑기는 철판에 부어서 납작하게 만든 후 여러 가지 모양 틀로 새겨 이 모양만 분리해서 먹는다.

23쪽 독감 예방 주사

지독한 감기인 독감에 걸리지 않도록 미리 예방하는 주사로 매년 추위가 오기 전에 독감 예방 주사를 맞는다.

23쪽 시상대 (施 베풀 시, 賞 상줄 상, 臺 대 대)

경기나 대회에서 등수에 든 사람들이 올라가서 상을 받도록 만든 것

24쪽 마카롱 (macaron)

아몬드, 밀가루, 달걀 흰자위, 설탕 등을 넣어 만든 고급 과자

문해력 기초 다지기

문장제에 적용하기

기초 문제가 어떻게 문장제가 되는지 알아봅니다.

1 왼쪽에서 둘째에 ○표 하기

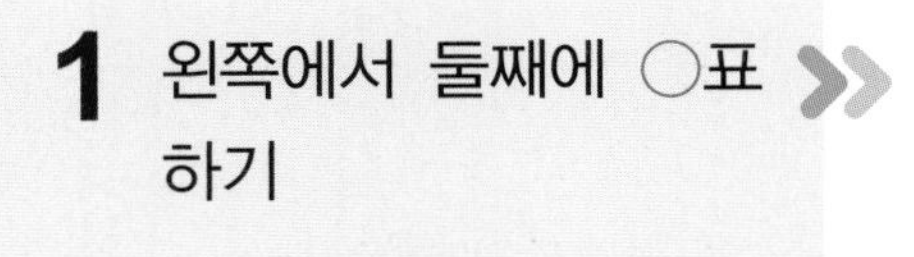

사진을 찍기 위해 한 줄로 서 있습니다.
왼쪽에서 둘째에 서 있는 어린이는 누구인가요?

2 오른쪽에서 둘째에 ○표 하기

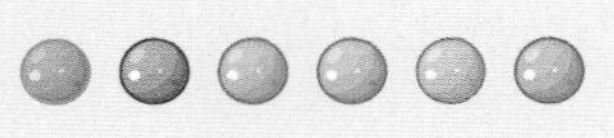

동물들이 한 줄로 서 있습니다.
오른쪽에서 둘째에 서 있는 동물은 무엇인가요?

답 ______

3

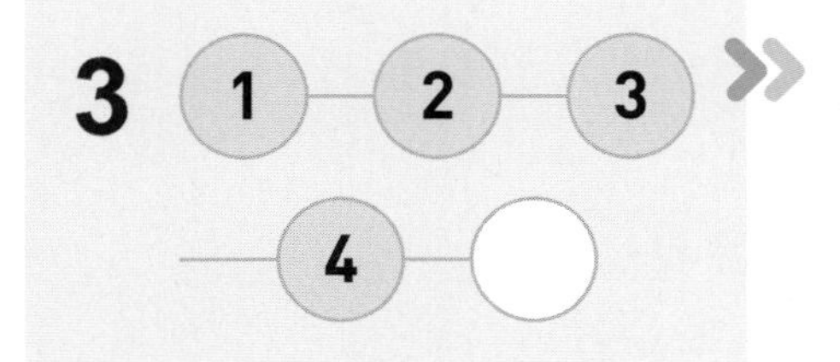

달리기를 하여 진호는 **4등**을 했습니다.
진호 **바로 뒤에** 서윤이가 들어왔다면
서윤이는 몇 등을 했나요?

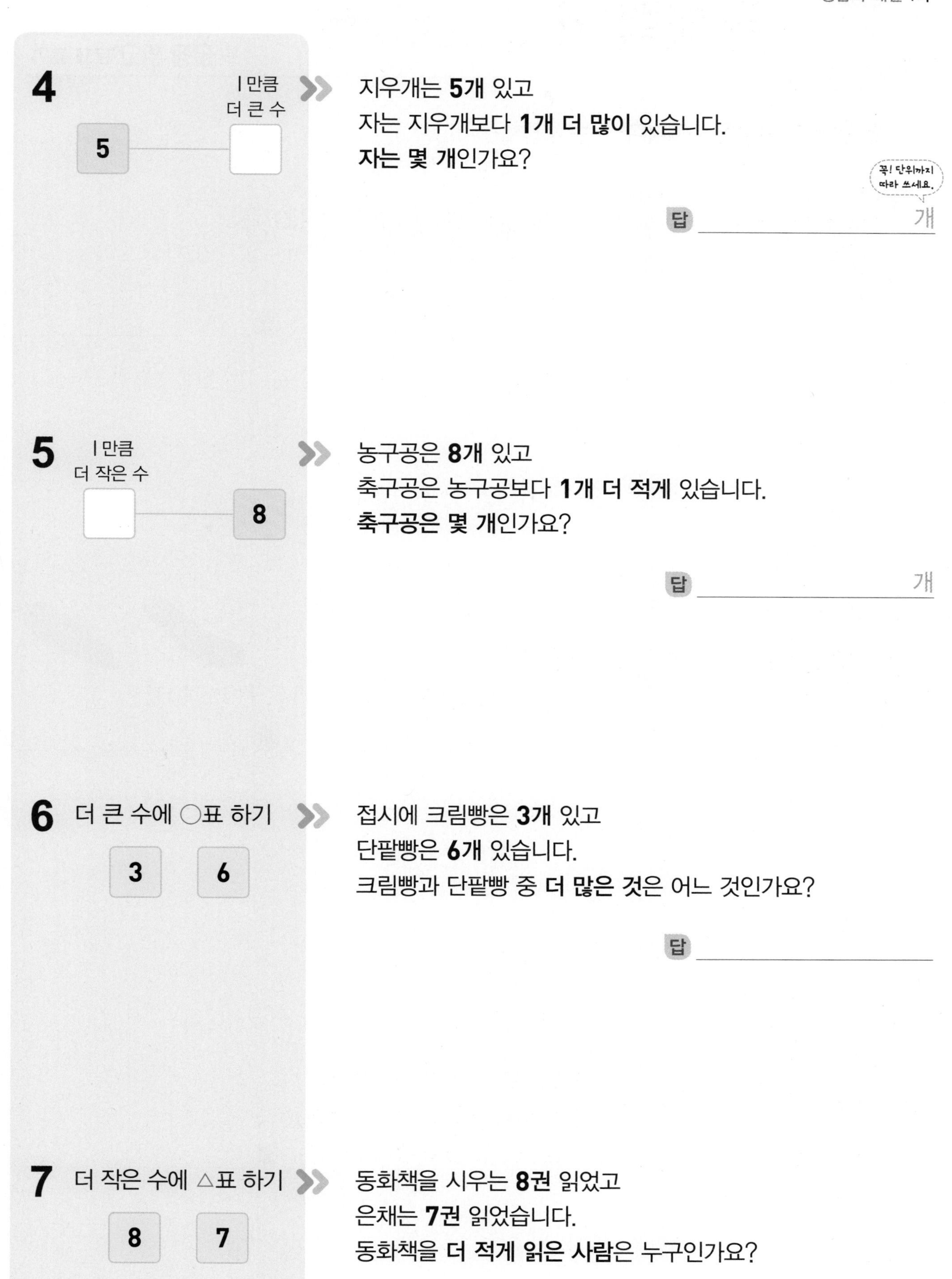

지우개는 **5개** 있고
자는 지우개보다 **1개 더 많이** 있습니다.
자는 몇 개인가요?

꼭! 단위까지 따라 쓰세요.

답 ________ 개

농구공은 **8개** 있고
축구공은 농구공보다 **1개 더 적게** 있습니다.
축구공은 몇 개인가요?

답 ________ 개

접시에 크림빵은 **3개** 있고
단팥빵은 **6개** 있습니다.
크림빵과 단팥빵 중 **더 많은 것**은 어느 것인가요?

답 ________

동화책을 시우는 **8권** 읽었고
은채는 **7권** 읽었습니다.
동화책을 **더 적게 읽은 사람**은 누구인가요?

답 ________

공부한 날 월 일

문해력 기초 다지기

문장 읽고 문제 풀기

간단한 문장제를 풀어 봅니다.

1 버스를 타기 위해 사람들이 한 줄로 서 있습니다.
은주는 앞에서부터 **셋째와 다섯째 사이**에 서 있습니다.
은주는 앞에서부터 **몇째**에 서 있나요?

답 ____________

2 냉장고에 오이는 **3개** 있고
당근은 오이보다 **1개 더 많이** 있습니다.
냉장고에 있는 **당근은 몇 개**인가요?

답 ____________

3 재희는 **4층**에 살고
지아는 재희보다 **한 층 위에** 삽니다.
지아는 몇 층에 살고 있나요?

답 ____________

• 정답과 해설 1쪽

4 연필을 윤아는 **7자루** 가지고 있고
민재는 윤아보다 **1자루 더 적게** 가지고 있습니다.
민재가 가지고 있는 **연필은 몇 자루**인가요?

5 공원에 나비가 **5마리** 있고
잠자리가 **7마리** 있습니다.
나비와 잠자리 중 **더 많은 것**은 어느 것인가요?

6 딸기를 민주는 **4개** 먹었고
은호는 **6개** 먹었습니다.
딸기를 **더 적게 먹은 사람**은 누구인가요?

1일 수학 문해력 기르기

관련 단원 9까지의 수

문해력 문제 1

2부터 7까지의 수를 순서대로 쓸 때/
앞에서부터 넷째에 쓰는 수를 구하세요.
└구하려는 것

해결 전략

2부터 7까지의 수를 순서대로 쓰려면

❶ 2부터 ☐ 만큼씩 커지는 수를 차례로 쓴다.

앞에서부터 넷째에 쓰는 수를 구하려면

❷ 앞에서부터 첫째, 둘째, ...로 세어 넷째에 쓴 수를 구한다.

문해력 핵심

1, 2, 3, ...은 수를 나타내고 첫째, 둘째, ...는 순서를 나타내.

문제 풀기

❶ 2부터 7까지의 수를 순서대로 쓰면

2, 3, ☐, ☐, ☐, 7이다.

❷ 위 ❶에서 앞에서부터 넷째에 쓴 수는 ☐이다.

답 ____________

문해력 레벨업 1부터 9까지의 수의 순서를 생각하자.

• 1부터 9까지의 수를 순서대로 쓰기

1 — 2 — 3 — 4 — 5 — 6 — 7 — 8 — 9

1만큼씩 커진다.

• 1부터 9까지의 수를 수의 순서를 거꾸로 하여 쓰기

9 — 8 — 7 — 6 — 5 — 4 — 3 — 2 — 1

1만큼씩 작아진다.

쌍둥이 문제

1-1 3부터 8까지의 수를 순서대로 쓸 때/ 앞에서부터 셋째에 쓰는 수를 구하세요.

따라 풀기 ❶

❷

답 ____________

문해력 레벨 1

1-2 4부터 9까지의 수를 순서대로 쓸 때/ 6은 앞에서부터 몇째에 쓰게 되는지 구하세요.

스스로 풀기 ❶

❷

답 ____________

문해력 레벨 2

1-3 2부터 8까지의 수를 수의 순서를 거꾸로 하여 쓸 때/ 앞에서부터 다섯째에 쓰는 수를 구하세요.

스스로 풀기 ❶ 2부터 8까지의 수를 수의 순서를 거꾸로 하여 쓰기

수의 순서를 거꾸로 하여 쓰면 수가 작아져.

❷ 앞에서부터 다섯째에 쓰는 수 구하기

답 ____________

수학 문해력 기르기

관련 단원 9까지의 수

문해력 문제 2

1부터 9까지의 수 중에서/
재희와 윤채가 말한 두 조건을 만족하는 수를 모두 구하세요.
└ 구하려는 것

재희: 2와 7 사이의 수야.
윤채: 5보다 작은 수야.

해결 전략

2와 7 사이의 수를 구하려면

❶ 2보다 (크고 , 작고) 7보다 (큰 , 작은) 수를 모두 쓴다.
→ 알맞은 말에 ○표 하기

두 조건을 만족하는 수를 구하려면

❷ 위 ❶에서 구한 수 중에서 5보다 작은 수를 모두 쓴다.

문제 풀기

❶ 2와 7 사이의 수는 3, ☐, ☐, ☐이다.

❷ 위 ❶에서 구한 수 중에서 5보다 작은 수는 ☐, ☐이므로

두 조건을 만족하는 수는 ☐, ☐이다.

답 ____________________

문해력 핵심

●와 ▲ 사이의 수는 ●보다 크고 ▲보다 작은 수야.

문해력 레벨업

첫째 조건을 만족하는 수를 구한 후 그중 둘째 조건을 만족하는 수를 구하자.

예 ① 1과 6 사이의 수 ② 5보다 작은 수

1 2 3 4 5 6

① 1과 6 사이의 수 → ② ③ ④ 5

② ①에서 5보다 작은 수 → ② ③ ④

①과 ②의 두 조건을 모두 만족하는 수 → 2, 3, 4

쌍둥이 문제

2-1 1부터 9까지의 수 중에서/ 미라와 소희가 말한 두 조건을 만족하는 수를 모두 구하세요.

미라: 3과 9 사이의 수야.
소희: 6보다 작은 수야.

따라 풀기 ❶

❷

답 ____________________

문해력 레벨 1

2-2 1부터 9까지의 수 중에서/ ㉠과 ㉡의 두 조건을 만족하는 수를 모두 구하세요.

㉠ 2와 8 사이의 수입니다.
㉡ 5보다 큰 수입니다.

스스로 풀기 ❶

❷

답 ____________________

문해력 레벨 2

2-3 1부터 9까지의 수 중에서/ 세 사람이 말한 조건을 모두 만족하는 수를 구하세요.

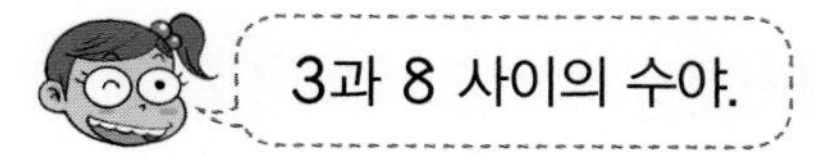

7은 아니야.

스스로 풀기 ❶ 1부터 9까지의 수 중에서 3과 8 사이의 수를 모두 구하기

❷ 위 ❶에서 구한 수 중에서 5보다 큰 수를 모두 구하기

❸ 위 ❷에서 구한 수 중에서 7을 제외한 수 구하기

답 ____________________

2일 수학 문해력 기르기

관련 단원 9까지의 수

문해력 문제 3

예진이네 어머니는 생선 가게에서 생선을 샀습니다./
※갈치는 4마리, ※고등어는 7마리, ※미꾸라지는 5마리 샀습니다./
가장 많이 산 생선은 무엇인가요?
└ 구하려는 것

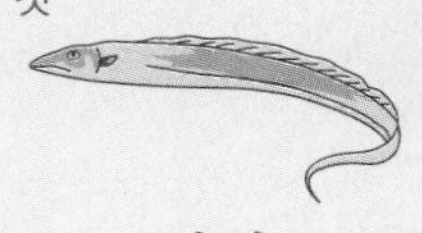
갈치

고등어

미꾸라지

해결 전략

가장 많이 산 생선을 구해야 하므로

❶ 갈치, 고등어, 미꾸라지의 수를 비교하여
가장 (큰 , 작은) 수를 찾는다.

❷ 가장 많이 산 생선을 구한다.

문해력 백과

- 갈치: 띠처럼 길고 얄팍하며 비늘이 전혀 없다.
- 고등어: 몸은 통통하며 등에 녹색을 띤 검은색 물결무늬가 있다.
- 미꾸라지: 논이나 개천의 흙 속에 살며 가늘고 긴 몸은 미끄럽다.

문제 풀기

❶ 생선의 수를 비교하여 큰 수부터 차례로 쓰면
☐, ☐, ☐이므로 가장 큰 수는 ☐이다.

❷ 가장 많이 산 생선은 ☐이다.

답 ____________

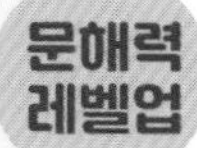

문해력 레벨업 수를 순서대로 써서 크기를 비교하자.

수를 순서대로 썼을 때
앞의 수가 **뒤의 수보다** 작은 수이고 뒤의 수가 **앞의 수보다** 큰 수이다.

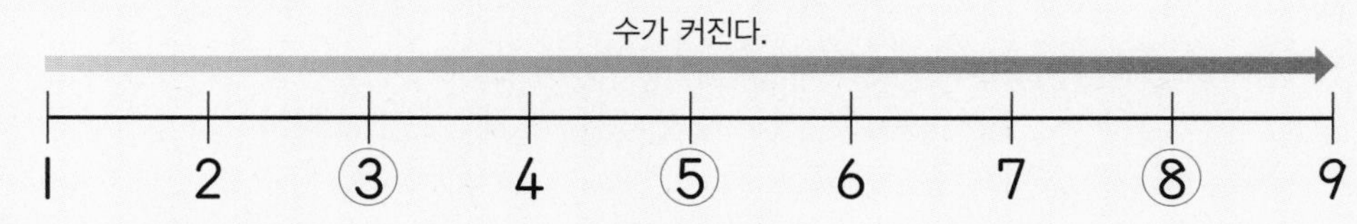

예 5, 3, 8의 크기 비교
➜ ① 8이 가장 뒤에 있으므로 가장 큰 수이다. ② 3이 가장 앞에 있으므로 가장 작은 수이다.

쌍둥이 문제

3-1 윤정이네 반 학생들이 운동을 배우는데/ 발레는 3명, 태권도는 5명, 수영은 6명입니다./ 가장 많은 학생들이 배우는 운동은 무엇인가요?

따라 풀기 ❶

❷

답 ____________

문해력 레벨 1

3-2 연필을 지아는 8자루, 민우는 5자루, 소희는 여섯 자루 가지고 있습니다./ 연필을 가장 많이 가지고 있는 사람은 누구인가요?

스스로 풀기 ❶

여섯 자루를 수로 나타내어 비교해.

❷

답 ____________

문해력 레벨 2

3-3 현주, 지윤, 영웅이는 ※투호 놀이를 하였습니다./ 현주는 화살을 8개 넣었고,/ 지윤이는 현주보다 1개 더 많이 넣었습니다./ 영웅이가 일곱 개 넣었을 때/ 투호 놀이에서 이긴 사람은 누구인가요?

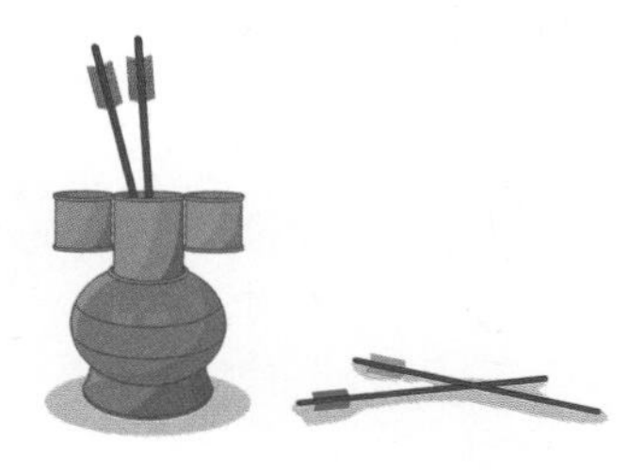

스스로 풀기 ❶ 지윤이가 넣은 화살의 수 구하기

문해력 백과
투호 놀이: 일정한 거리에 놓인 통에 화살을 던져 누가 많은 수를 넣는가를 겨루는 놀이

❷ 세 사람이 넣은 화살의 수 비교하기

❸ 투호 놀이에서 이긴 사람 구하기

답 ____________

공부한 날 월 일

2일

수학 문해력 기르기

관련 단원 9까지의 수

문해력 문제 4

6장의 수 카드의 수를 작은 수부터 순서대로 늘어놓을 때/
앞에서부터 셋째에 놓이는 수는 얼마인가요?
└ 구하려는 것

5	1	8	0	3	6

해결 전략

수의 순서를 생각하여

❶ 수 카드의 수를 작은 수부터 순서대로 늘어놓은 후

❷ 앞에서부터 ☐ 째에 놓인 수를 구한다.

문제 풀기

❶ 수 카드의 수를 작은 수부터 순서대로 늘어놓으면

0, 1, ☐, ☐, ☐, ☐ 이다.

문해력 주의

기준을 살펴 작은 수부터 놓는지, 큰 수부터 놓는지 꼭 확인해.

❷ 위 ❶에서 앞에서부터 셋째에 놓인 수는 ☐ 이다.

답 ____________

문해력 레벨업 먼저 수의 크기를 비교하여 큰(작은) 수부터 늘어놓자.

예 수 카드 2, 0, 8, 5, 1 을 순서대로 늘어놓기

큰 수부터 늘어놓기

뒤에서부터 둘째 ↓

8	5	2	1	0

↑ 앞에서부터 둘째

작은 수부터 늘어놓기

뒤에서부터 둘째 ↓

0	1	2	5	8

↑ 앞에서부터 둘째

• 정답과 해설 3쪽
복습책 4쪽에 유사, 심화문제 제공

쌍둥이 문제

4-1 6장의 수 카드의 수를 작은 수부터 순서대로 늘어놓을 때/ 앞에서부터 넷째에 놓이는 수는 얼마인가요?

2	7	0	1	5	9

따라 풀기 ❶

❷

답 ____________

문해력 레벨 1

4-2 6장의 수 카드의 수를 큰 수부터 순서대로 늘어놓을 때/ 뒤에서부터 넷째에 놓이는 수는 얼마인가요?

5	2	8	0	4	3

스스로 풀기 ❶

❷

답 ____________

문해력 레벨 2

4-3 7장의 수 카드의 수를 작은 수부터 순서대로 늘어놓을 때/ 앞에서부터 다섯째에 놓이는 수보다/ 1만큼 더 큰 수를 구하세요.

9	5	0	3	8	6	1

스스로 풀기 ❶ 수 카드의 수를 작은 수부터 순서대로 늘어놓기

❷ 위 ❶에서 앞에서부터 다섯째에 놓인 수 구하기

❸ 위 ❷에서 구한 수보다 1만큼 더 큰 수 구하기

답 ____________

3일

수학 문해력 기르기

관련 단원 9까지의 수

문해력 문제 5

민주는 제주도 여행을 하면서 한라봉은 5개 사고/ 감귤초콜릿은 한라봉보다 2개 더 많이 샀습니다./ 감귤초콜릿은 몇 개 샀는지 구하세요.

└ 구하려는 것

해결 전략

5보다 2만큼 더 큰 수를 구하려면

❶ 5보다 1만큼 더 큰 수를 구하고,

다시 ☐ 만큼 더 큰 수를 구한다.

❷ 민주가 산 감귤초콜릿의 수를 구한다.

문해력 핵심

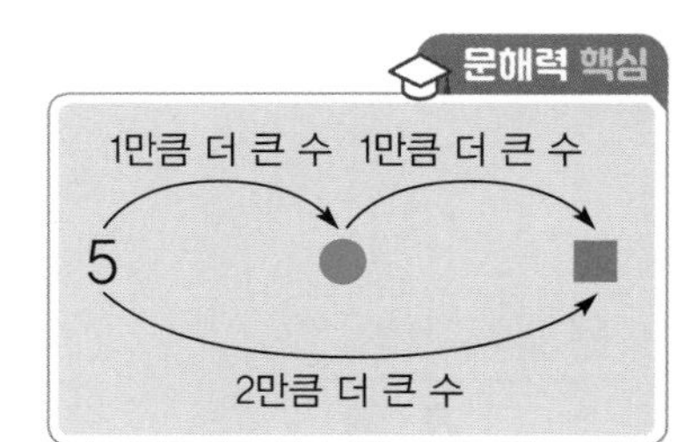

문제 풀기

❶ 5보다 1만큼 더 큰 수는 ☐ 이고

6보다 1만큼 더 큰 수는 ☐ 이므로

5보다 2만큼 더 큰 수는 ☐ 이다.

❷ 민주가 산 감귤초콜릿은 ☐ 개이다.

답 ____________

문해력 레벨업 수를 순서대로 쓰면 1만큼씩 커짐을 이용하자.

수를 순서대로 썼을 때
1만큼 더 작은 수는 바로 앞의 수, 1만큼 더 큰 수는 바로 뒤의 수이다.

예

3보다 2만큼 더 작은 수

1 — 2 — 3 — 4 — 5

1만큼 더 작은 수, 1만큼 더 작은 수

2만큼 더 작은 수

3보다 2만큼 더 큰 수

1 — 2 — 3 — 4 — 5

1만큼 더 큰 수, 1만큼 더 큰 수

2만큼 더 큰 수

복습책 5쪽에 유사, 심화문제 제공

쌍둥이 문제

5-1 혜주네 반 학생들 중 체험학습 장소로 경복궁에 가고 싶은 학생은 6명이고,/ 국립중앙박물관에 가고 싶은 학생은 경복궁에 가고 싶은 학생보다 2명 더 많습니다./ 국립중앙박물관에 가고 싶은 학생은 몇 명인지 구하세요.

경복궁

국립중앙박물관

따라 풀기 ❶

❷

답 ____________

문해력 레벨 1

5-2 운동장에 남학생은 9명 있고/ 여학생은 남학생보다 2명 더 적게 있습니다./ 운동장에 있는 여학생은 몇 명인지 구하세요.

스스로 풀기 ❶

❷

답 ____________

문해력 레벨 2

5-3 동물원에 사자가 5마리 있습니다./ 기린은 사자보다 1마리 더 적게 있고/ 곰은 기린보다 2마리 더 많이 있습니다./ 곰은 몇 마리 있는지 구하세요.

스스로 풀기 ❶ 5보다 1만큼 더 작은 수를 구하여 기린의 수 구하기

❷ 위 ❶에서 구한 수보다 2만큼 더 큰 수 구하기

❸ 곰의 수 구하기

답 ____________

공부한 날 월 일

수학 문해력 기르기

관련 단원 9까지의 수

문해력 문제 6

어느 건물에서 ※치과는 2층에 있습니다./
※안과는 치과보다 세 층 위에 있고/ 약국은 안과보다 한 층 아래에 있습니다./
약국은 몇 층인가요?
└ 구하려는 것

해결 전략

안과가 몇 층인지 구하려면

❶ 2보다 3만큼 더 (큰 수 , 작은 수)를 구한다.

약국이 몇 층인지 구하려면

❷ 위 ❶에서 구한 수보다 1만큼 더 (큰 수 , 작은 수)를 구한다.

문제 풀기

❶ 안과의 층수 구하기

2보다 3만큼 더 큰 수는 ☐ 이므로

안과는 ☐ 층이다.

❷ 약국의 층수 구하기

5보다 1만큼 더 작은 수는 ☐ 이므로

약국은 ☐ 층이다.

답 ____________

문해력 어휘

치과: 이와 입안의 질병을 치료하는 병원

안과: 눈과 관련된 질병을 치료하는 병원

문해력 레벨업 두 층 위에 있으면 2만큼 더 큰 수를 구하고, 두 층 아래에 있으면 2만큼 더 작은 수를 구하자.

예

2층보다 세 층 위에 있다.
➔ 2보다 3만큼 더 큰 수를 구한다.

세 층 위

6층
5층
4층
3층
2층
1층

한 층 아래

5층보다 한 층 아래에 있다.
➔ 5보다 1만큼 더 작은 수를 구한다.

쌍둥이 문제

6-1 어느 건물에서 영화관은 5층입니다./ 서점은 영화관보다 두 층 아래에 있고/ 식당은 서점보다 한 층 위에 있습니다./ 식당은 몇 층인가요?

따라 풀기 ❶

❷

답 ____________

문해력 레벨 1

6-2 어느 건물에서 미술 학원은 4층입니다./ 수학 학원은 미술 학원보다 한 층 위에 있고/ 영어 학원은 수학 학원보다 두 층 아래에 있습니다./ 영어 학원은 몇 층인가요?

스스로 풀기 ❶

❷

답 ____________

문해력 레벨 2

6-3 같은 아파트의 서로 다른 층에 서윤, 준하, 예은이가 살고 있습니다./ 서윤이는 4층에 살고 있고/ 준하는 서윤이보다 두 층 아래에 살고 있습니다./ 예은이는 준하보다 세 층 위에 살고 있을 때/ 예은이는 몇 층에 살고 있나요?

스스로 풀기 ❶ 준하는 몇 층에 살고 있는지 구하기

❷ 예은이는 몇 층에 살고 있는지 구하기

답 ____________

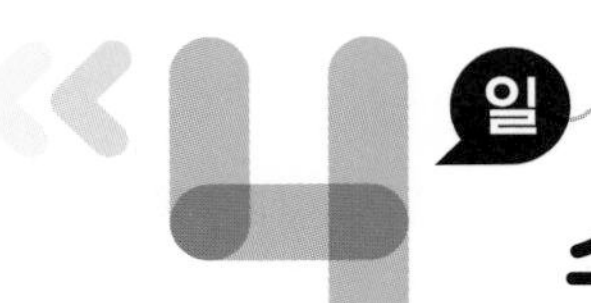

일 수학 문해력 기르기

관련 단원 9까지의 수

문해력 문제 7

※달고나 뽑기를 하기 위해/
8명이 한 줄로 서 있습니다./
앞에서부터 둘째와 일곱째 사이에 서 있는 사람은/
모두 몇 명인가요?
└ 구하려는 것

해결 전략

8명이 한 줄로 서 있으므로

❶ ○를 8개 그린 후 앞에서부터 둘째와 일곱째를 찾는다.

문해력 어휘
달고나: 불 위에 국자를 올리고 거기에 설탕과 소다를 넣어 만든 과자

둘째와 일곱째는 포함되지 않으므로

❷ 둘째와 □째 사이에 있는 ○의 수를 세어 본다.

문제 풀기

❶ 8명을 ○로 나타낸 후 앞에서부터 둘째와 일곱째에 색칠하기

(앞) ○ ○ ○ ○ ○ ○ ○ ○

❷ 위 ❶의 그림에서 앞에서부터 둘째와 일곱째 사이에 서 있는 사람은 모두 □명이다.

답 ____________

문해력 레벨업 기준에 맞는 순서를 찾고 그 사이에 있는 사람 수를 구하자.

●째와 ■째 사이에 ●째와 ■째는 포함되지 않는다.

예 앞에서부터 둘째와 다섯째 사이

○ ● ○ ○ ● ○ ○
(앞) 둘째 다섯째

앞에서부터 둘째와 뒤에서부터 셋째 사이

셋째 (뒤)
○ ● ○ ○ ● ○ ○
(앞) 둘째

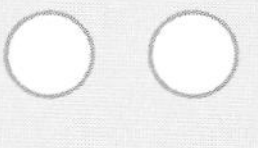

• 정답과 해설 4쪽
복습책 7쪽에 유사, 심화문제 제공

쌍둥이 문제

7-1

병원에※독감 예방 주사를 맞기 위해/ 7명이 한 줄로 서 있습니다./ 앞에서부터 첫째와 여섯째 사이에 서 있는 사람은/ 모두 몇 명인가요?

따라 풀기 ❶

문해력 백과
독감 예방 주사: 지독한 감기인 독감에 걸리지 않도록 미리 예방하는 주사로 매년 추위가 오기 전에 예방 주사를 맞는다.

❷

답 ____________

문해력 레벨 1

7-2

8명의 학생들이 달리기를 하고 있습니다./ 3등과 7등 사이에 달리고 있는 학생은/ 모두 몇 명인가요?

스스로 풀기 ❶

❷

답 ____________

문해력 레벨 2

7-3

글짓기 대회에 출전한 9명의 학생들이 상을 받기 위해/※시상대에 한 줄로 서 있습니다./ 앞에서부터 셋째와 뒤에서부터 둘째 사이에 서 있는 학생은/ 모두 몇 명인가요?

스스로 풀기 ❶ ○를 9개 그린 후 앞에서부터 셋째와 뒤에서부터 둘째의 ○에 색칠하기

문해력 어휘
시상대: 경기나 대회에서 등수에 든 사람들이 올라가서 상을 받도록 만든 것

❷ 앞에서부터 셋째와 뒤에서부터 둘째 사이에 서 있는 학생 수 구하기

답 ____________

4일

수학 문해력 기르기

관련 단원 9까지의 수

문해력 문제 8

맛이 각각 다른※마카롱을 접시 위에 한 줄로 놓았습니다./
그중 딸기 맛 마카롱은 왼쪽에서부터 셋째,/ 오른쪽에서부터 넷째에/ 놓여 있습니다./
마카롱은 모두 몇 개인가요?
└ 구하려는 것

해결 전략

딸기 맛의 순서에 맞게 전체 마카롱을 ○로 나타내려면

❶ 왼쪽에서부터 셋째까지 ○를 3개 그리고,

셋째에 그린 ○가 오른쪽에서부터 ☐째가 되도록 ○를 더 그린다.

마카롱의 수를 모두 구하려면

❷ 위 ❶에서 그린 ○의 수를 모두 세어 본다.

문해력 어휘

마카롱: 아몬드, 밀가루, 달걀 흰자위, 설탕 등을 넣어 만든 고급 과자

문제 풀기

❶ 딸기 맛의 순서가 왼쪽에서부터 셋째, 오른쪽에서부터 넷째가 되도록 마카롱을 ○로 나타내기

(왼쪽) (오른쪽)

❷ 위 ❶에서 그린 ○의 수가 ☐개이므로 마카롱은 모두 ☐개이다.

답 ____________

문해력 레벨업 첫째가 되는 기준이 어디부터인지 찾아보자.

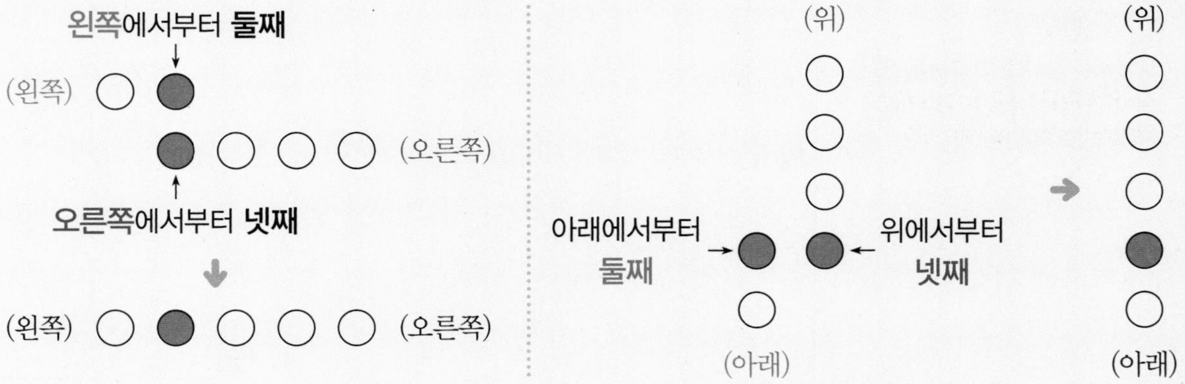

왼쪽에서부터 **둘째**

(왼쪽) ○ ●

● ○ ○ ○ (오른쪽)

오른쪽에서부터 **넷째**

(왼쪽) ○ ● ○ ○ ○ (오른쪽)

(위) ○ ○ ○ ● ○ (아래)

아래에서부터 둘째 → ●, ○ (아래)

위에서부터 넷째

(위) ○ ○ ○ ● ○ (아래)

• 정답과 해설 5쪽
복습책 8쪽에 유사, 심화문제 제공

쌍둥이 문제

8-1 맛이 각각 다른 사탕을 한 줄로 놓았습니다./ 그중 포도 맛 사탕은 왼쪽에서부터 넷째,/ 오른쪽에서부터 다섯째에/ 놓여 있습니다./ 사탕은 모두 몇 개인가요?

따라 풀기 ❶

❷

답 ______________

문해력 레벨 1

8-2 서원이네 집은 아래에서부터 다섯째,/ 위에서부터 둘째인/ 층에 있습니다. 서원이네 집이 있는 건물은/ 몇 층까지 있나요?

스스로 풀기 ❶

❷

답 ______________

문해력 레벨 2

8-3 윤아와 친구들이※줄다리기를 하기 위해 한 줄로 서 있습니다./ 윤아는 앞에서부터 넷째에 서 있고,/ 윤아 바로 뒤에 민지가 서 있습니다./ 민지는 뒤에서부터 다섯째에 서 있다면/ 줄을 서 있는 사람은 모두 몇 명인가요?

스스로 풀기 ❶ 윤아와 민지의 순서에 맞게 줄을 서 있는 사람을 ○로 나타내기

문해력 어휘

줄다리기: 여러 사람이 편을 갈라서 굵은 밧줄을 마주 잡고 당겨서 승부를 겨루는 놀이

❷ 줄을 서 있는 사람 수 구하기

답 ______________

수학 문해력 완성하기

관련 단원 9까지의 수

기출 1 다음은 주리가 모은 붙임딱지입니다./ 승민이는 붙임딱지를 4개 모았고,/ 은지는 붙임딱지를 승민이보다 많고/ 주리보다 적게 모았습니다./ 은지가 모은 붙임딱지는 몇 개인가요?

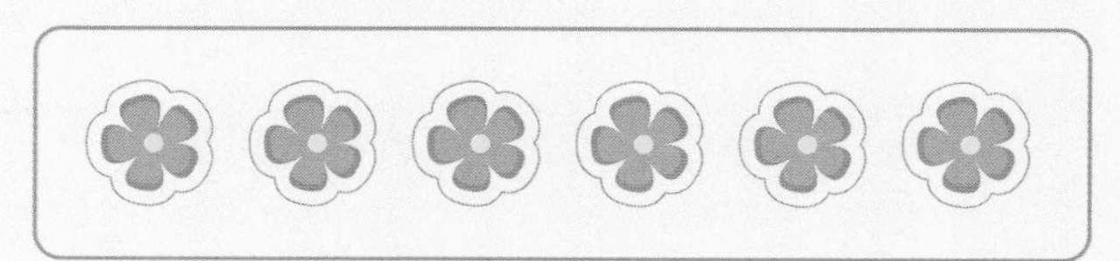

해결 전략

예 2보다 크고 5보다 작은 수에는 2와 5가 포함되지 않는다.

2 3 4 5

2보다 크고 **5**보다 작은 수

※12년 상반기 19번 기출 유형

문제 풀기

❶ 주리가 모은 붙임딱지의 수 구하기

주리가 모은 붙임딱지의 수를 세어 보면 □개이다.

❷ 은지가 모은 붙임딱지의 수의 범위 구하기

은지가 모은 붙임딱지는 □개보다 많고 □개보다 적다.

❸ 은지가 모은 붙임딱지의 수 구하기

답 ______________

관련 단원 9까지의 수

기출 2 토끼, 닭, 양, 오리, 돼지가/ 다음과 같이 한 줄로 서 있습니다./ 토끼가 맨 앞에 서 있을 때/ 앞에서부터 넷째에 서 있는 동물은 무엇인가요?

양: 내 앞에는 넷이 서 있어.
오리: 나는 앞에서부터 세어도, 뒤에서부터 세어도 순서가 같네.
돼지: 닭과 양 사이에 둘이 서 있는데 그중 하나가 나야.

해결 전략

앞에서부터 셋째

(앞)						(뒤)

뒤에서부터 셋째

※20년 상반기 21번 기출 유형

문제 풀기

(앞)	토끼					(뒤)
	첫째	둘째	셋째	넷째	다섯째	

❶ 양과 오리의 순서 구하기

양 앞에는 넷이 서 있으므로 양은 앞에서부터 □째에 서 있고, 오리는 앞에서부터 세어도, 뒤에서부터 세어도 순서가 같으므로 앞에서부터 □째에 서 있다.

❷ 돼지와 닭의 순서 구하기

닭과 양 사이에는 둘이 서 있으므로 닭은 앞에서부터 □째에 서 있고 남은 동물은 돼지이므로 돼지는 앞에서부터 □째에 서 있다.

❸ 앞에서부터 넷째에 서 있는 동물 구하기

답 ____________

공부한 날 월 일

5일

5일 수학 문해력 완성하기

관련 단원 9까지의 수

창의 3

1부터 8까지의 번호가 적힌/ 종이와 장난감이 있습니다./ 공을 던져서 종이를 맞히면/ 적힌 번호보다 1만큼 더 작은 번호와/ 2만큼 더 큰 번호의 장난감을/ 가져갈 수 있습니다./ 은호가 공을 던져 3번,/ 6번 종이를 맞혔을 때/ 가져갈 수 있는 장난감 번호를 모두 쓰세요.

1 2 3 4 5 6 7 8

해결 전략

• 종이를 맞히면 적힌 번호보다 **1만큼 더 작은 번호**와 **2만큼 더 큰 번호**의 장난감 2개를 가져갈 수 있다.

예 4번 종이를 맞히면 [4보다 1만큼 더 작은 수인 3번 / 4보다 2만큼 더 큰 수인 6번] 장난감을 가져갈 수 있다.

문제 풀기

❶ 공을 던져 3번 종이를 맞혔을 때 가져갈 수 있는 장난감 번호 구하기

3보다 1만큼 더 작은 수인 ☐번 장난감과 3보다 2만큼 더 큰 수인 ☐번 장난감을 가져갈 수 있다.

❷ 공을 던져 6번 종이를 맞혔을 때 가져갈 수 있는 장난감 번호 구하기

6보다 1만큼 더 작은 수인 ☐번 장난감과 6보다 ☐만큼 더 큰 수인 ☐번 장난감을 가져갈 수 있다.

❸ 은호가 가져갈 수 있는 장난감 번호를 모두 쓰기

답 ____________

관련 단원 9까지의 수

융합 4 지윤이는 그림일기를 쓰면서 맑은 날은 ☀,/ 비 온 날은 ☂,/ 흐린 날은 ☁ 모양의 붙임딱지를 붙였습니다./ 그림일기를 쓰기 전에/ 각 붙임딱지가 같은 개수만큼씩 있었고/ 남은 붙임딱지의 수는 다음과 같습니다./ 지윤이가 가장 많이 사용한 붙임딱지는/ 어느 모양인가요?

- ☀ 모양은 2개보다 많고 4개보다 적게 남았어.
- ☂ 모양은 ☀ 모양보다 1개 더 남았어.
- ☁ 모양은 5개 남았어.

해결 전략

(남은 개수가 적다.)=(붙임딱지를 많이 사용했다.)

문제 풀기

❶ 남은 ☀ 모양의 붙임딱지의 수 구하기

2개보다 많고 4개보다 적으므로 ☐ 개가 남았다.

❷ 남은 ☂ 모양의 붙임딱지의 수 구하기

☀ 모양보다 1개 더 남았으므로 ☐ 보다 1만큼 더 (큰 , 작은) 수인 ☐ 개가 남았다.

❸ 가장 많이 사용한 모양 구하기

답 ____________

수학 문해력 평가하기

문제를 읽고 조건을 표시하면서 풀어 봅니다.

10쪽 문해력 1

1 2부터 8까지의 수를 순서대로 쓸 때 앞에서부터 다섯째에 쓰는 수를 구하세요.

18쪽 문해력 5

2 윤서는 마트에서 우유를 4개 사고 요구르트는 우유보다 2개 더 많이 샀습니다. 윤서는 요구르트를 몇 개 샀는지 구하세요.

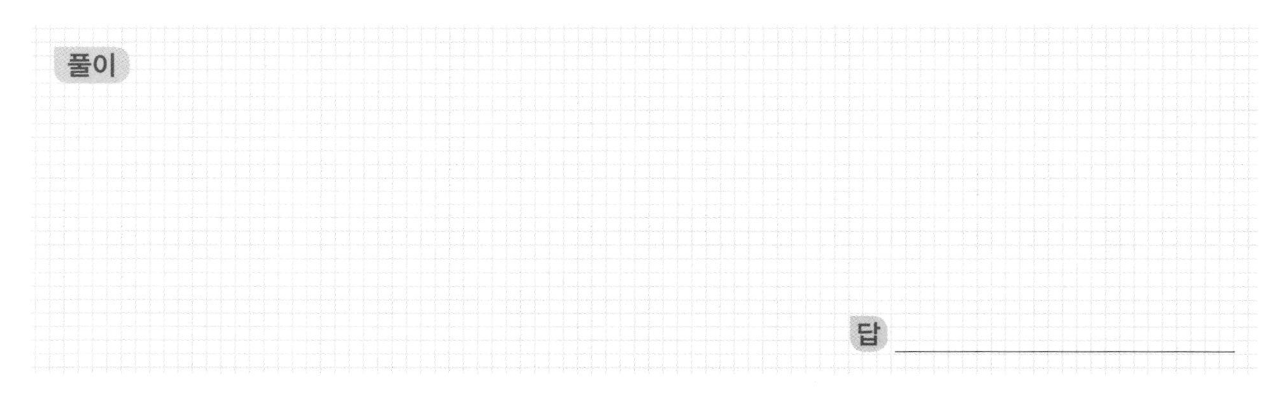

14쪽 문해력 3

3 장난감 자동차를 윤호는 4개, 민재는 6개, 세준이는 5개 가지고 있습니다. 장난감 자동차를 가장 많이 가지고 있는 사람은 누구인가요?

풀이

답

• 정답과 해설 6쪽

22쪽 문해력 7

4 놀이기구를 타기 위해 8명이 한 줄로 서 있습니다. 앞에서부터 둘째와 여섯째 사이에 서 있는 사람은 모두 몇 명인가요?

풀이

답 ____________

12쪽 문해력 2

5 1부터 9까지의 수 중에서 서아와 서준이가 말한 두 조건을 만족하는 수를 모두 구하세요.

풀이

답 ____________

공부한 날 월 일

수학 문해력 평가하기

16쪽 문해력 4

6 6장의 수 카드의 수를 작은 수부터 순서대로 늘어놓을 때 앞에서부터 다섯째에 놓이는 수는 얼마인가요?

5	9	3	0	7	4

풀이

답 ______________

20쪽 문해력 6

7 어느 건물에서 서점은 7층입니다. 마트는 서점보다 세 층 아래에 있고, 병원은 마트보다 한 층 위에 있습니다. 병원은 몇 층인가요?

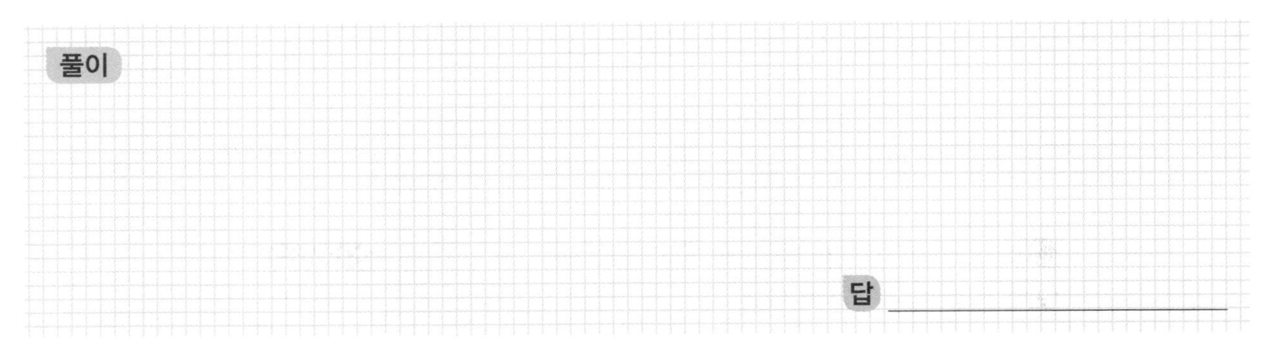

24쪽 문해력 8

8 색깔이 각각 다른 풍선을 한 줄로 놓았습니다. 그중 빨간색 풍선은 왼쪽에서부터 셋째, 오른쪽에서부터 다섯째에 놓여 있습니다. 풍선은 모두 몇 개인가요?

풀이

답 ______________

• 정답과 해설 6쪽

14쪽 문해력 3

9 농구 연습을 하는 데 골대에 공을 재현이는 7번, 영호는 다섯 번, 민유는 6번 넣었습니다. 골대에 공을 가장 많이 넣은 사람은 누구인가요?

풀이

답 ____________________

24쪽 문해력 8

10 은하네 집은 아래에서부터 넷째, 위에서부터 둘째인 층에 있습니다. 은하네 집이 있는 건물은 몇 층까지 있나요?

풀이

답 ____________________

덧셈과 뺄셈

이미 배운 9까지의 수를 이용하여 기호(+, −)를 사용하여 식으로 나타낸 덧셈, 뺄셈의 계산을 할 수 있어요. 덧셈, 뺄셈은 이제 앞으로도 계속 배우게 될 내용이니 문제를 차근차근 읽어 보고 여러 가지 문제를 해결해 봐요.

이번 주에 나오는 어휘 & 지식백과

43쪽 맛조개

가늘고 길며 갯벌이나 얕은 바다의 모래 속에 구멍을 파고 사는 조개로 구멍을 찾아 소금을 뿌리면 속살이 밖으로 올라온다.

45쪽 동계 올림픽 (冬 겨울 **동**, 季 계절 **계** + Olympics)

4년마다 겨울에 열리는 국제 올림픽 경기 대회로 눈과 얼음 위에서 할 수 있는 동계 스포츠 종목을 중심으로 대회를 개최한다.

45쪽 금메달 (gold medal)

금으로 만든 메달로 운동 경기나 각종 대회에서 우승한 사람(1등)에게 준다. 은으로 만든 은메달은 2등, 구리로 만든 동메달은 3등에게 준다.

55쪽 정류장 (停 머무를 **정**, 留 머무를 **류**, 場 마당 **장**)

버스나 택시 등이 사람을 태우거나 내려 주기 위하여 머무르는 일정한 장소

58쪽 악보 (樂 노래 **악**, 譜 족보 **보**)

음악을 기호, 문자, 숫자 등으로 나타내어 적은 것

60쪽 주차장 (駐 머무를 **주**, 車 수레 **차**, 場 마당 **장**)

차를 세워 둘 수 있도록 만든 곳

문해력 기초 다지기

문장제에 적용하기

연산 문제가 어떻게 문장제가 되는지 알아봅니다.

1 3+5=□

>> **3**보다 **5**만큼 더 큰 수는 얼마인가요?

식 3+5=□

답

2 3+3=□

>> 남학생 **3명**과 여학생 **3명**이 있습니다.
남학생과 여학생은 **모두 몇 명**인가요?

식

꼭! 단위까지 따라 쓰세요.

답 명

3 5+2=□

>> 강아지가 **5마리** 있고
고양이는 강아지보다 **2마리** 더 많습니다.
고양이는 몇 마리인가요?

식

답 마리

4 $7-3=\square$

» **7**과 **3**의 **차**는 얼마인가요?

식 $7-3=\square$

답

5 $6-1=\square$

» **6**보다 **1만큼 더 작은 수**는 얼마인가요?

식

답

6 $5-2=\square$

» 솜사탕 **5**개 중에서 **2**개를 먹었습니다.
남은 솜사탕은 몇 개인가요?

식

꼭! 단위까지 따라 쓰세요.

답 개

7 $8-4=\square$

» 고추가 **8**개 있고
양파는 고추보다 **4**개 더 적습니다.
양파는 몇 개인가요?

식

답 개

공부한 날 월 일

준비 학습

문해력 기초 다지기

문장 읽고 문제 풀기

◐ 간단한 문장제를 풀어 봅니다.

1 희수는 동화책 **2권**과
위인전 **2권**을 읽었습니다.
희수가 읽은 책은 **모두 몇 권**인가요?

식 ____________________ 답 ____________

2 서준이는 귤을 **5개** 가지고 있었습니다.
동생에게 **1개**를 주었다면
남은 귤은 몇 개인가요?

3 현아는 떡을 **4개** 먹었고
준영이는 현아보다 **3개** 더 많이 먹었습니다.
준영이가 먹은 떡은 몇 개인가요?

식 ____________________ 답 ____________

4 꽃밭에 나비가 **6마리** 있었습니다.
나비 **3마리**가 더 날아왔다면
꽃밭에 있는 나비는 **모두 몇 마리**인가요?

식 ______________________ 답 ______________

5 놀이터에 학생 **7명**이 놀고 있었습니다.
그중에서 **2명**이 집으로 갔다면
놀이터에 **남아 있는 학생은 몇 명**인가요?

식 ______________________ 답 ______________

6 태현이의 왼손에는 구슬이 **3개**,
오른손에는 구슬이 **2개** 있습니다.
태현이의 양손에 있는 구슬은 **모두 몇 개**인가요?

식 ______________________ 답 ______________

7 과자 **8개**를 두 접시에 나누어 담으려고 합니다.
한 접시에 **5개**를 담았다면
다른 접시에는 몇 개를 담아야 하나요?

식 ______________________ 답 ______________

1일 수학 문해력 기르기

관련 단원 덧셈과 뺄셈

문해력 문제 1

블록이 5개 있습니다./
주희와 민재가 이 블록을 모두 나누어 가지는데/
각각 적어도 1개씩은 가지려고 합니다./
나누어 가지는 방법은 모두 몇 가지인지 구하세요.
└ 구하려는 것

해결 전략

5개를 두 사람이 나누어 가져야 하니까

❶ 5를 두 수로 가르기 하여 나누어 가지는 방법을 모두 알아보고,

❷ 위 ❶에서 구한 방법의 가짓수를 세어 본다.

문제 풀기

❶ 5를 두 수로 가르기 하여 나누어 가지는 방법 알아보기

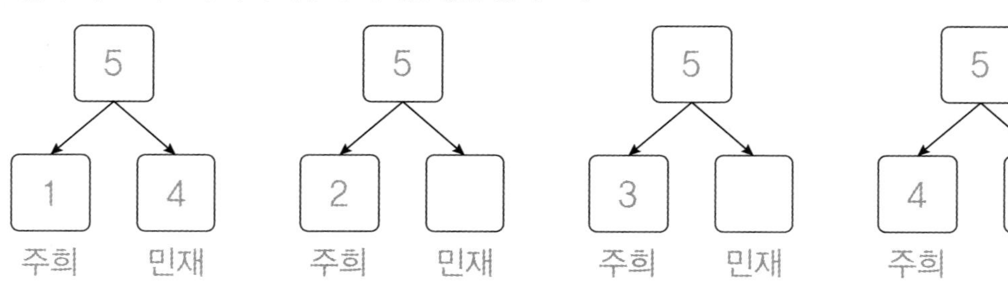

❷ 블록을 나누어 가지는 방법은 모두 ☐ 가지이다.

1과 4로 가르기 한 경우와 4와 1로 가르기 한 경우는 두 사람이 가지는 개수가 다르므로 다른 방법이야!

답 ______________

문해력 레벨업 두 사람이 나누어 가지는 방법은 수를 가르기 하여 구하자.

예 4개를 두 사람이 각각 적어도 1개씩은 가지도록 나누는 방법 알아보기

4를 두 수로 가르는 방법을 모두 찾아.

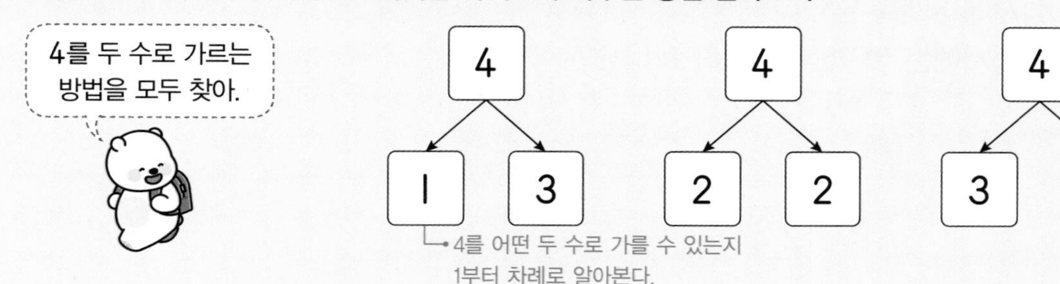

• 정답과 해설 7쪽
복습책 11쪽에 유사, 심화문제 제공

쌍둥이 문제

1-1 초콜릿이 6개 있습니다./ 민정이와 현수가 이 초콜릿을 모두 나누어 가지는데/ 각각 적어도 1개씩은 가지려고 합니다./ 나누어 가지는 방법은 모두 몇 가지인가요?

따라 풀기 ❶

❷

답 ______

문해력 레벨 1

1-2 연필이 8자루 있습니다./ 나은이와 동생이 이 연필을 모두 나누어 가지는데/ 각각 적어도 1자루씩은 가지려고 합니다./ 나은이가 동생보다 연필을 더 많이 가지는 방법은/ 모두 몇 가지인가요?

스스로 풀기 ❶

❷

답 ______

문해력 레벨 2

1-3 색종이가 7장 있습니다./ 지민이와 윤호가 이 색종이를 모두 나누어 가지는데/ 각각 적어도 1장씩은 가지려고 합니다./ 지민이가 윤호보다 색종이를 3장 더 많이 가지려면/ 윤호는 색종이를 몇 장 가지면 되나요?

스스로 풀기 ❶ 7을 두 수로 가르기 하여 나누어 가지는 방법 알아보기

❷ 지민이가 윤호보다 색종이를 3장 더 많이 가질 때 윤호의 색종이 수 구하기

답 ______

공부한 날 월 일

1일 수학 문해력 기르기

관련 단원 덧셈과 뺄셈

문해력 문제 2

다람쥐가 도토리를 아침에 5개 먹었고,/ 저녁에는 아침보다 2개 더 적게 먹었습니다./ 다람쥐가 아침과 저녁에 먹은 도토리는 모두 몇 개인가요?

└ 구하려는 것

해결 전략

저녁에 먹은 도토리의 수를 구하려면

❶ (아침에 먹은 도토리의 수) ◯ 2를 구하고,

└ +, − 중 알맞은 것 쓰기

아침과 저녁에 먹은 도토리의 수를 모두 구하려면

❷ (아침에 먹은 도토리의 수)+(저녁에 먹은 도토리의 수)를 구한다.

문제 풀기

❶ (저녁에 먹은 도토리의 수)

=5−2=□(개)

❷ (아침과 저녁에 먹은 도토리의 수)

=5+□=□(개)

답 

문해력 레벨업 문장을 읽고 덧셈식 또는 뺄셈식을 만들어 구하자.

'더 많다' / '합' → 덧셈 (+)	'더 적다' / '차' → 뺄셈 (−)

예 남학생은 여학생보다 1명 더 많습니다.
➔ (남학생의 수)=(여학생의 수)+1

예 축구공은 농구공보다 2개 더 적습니다.
➔ (축구공의 수)=(농구공의 수)−2

쌍둥이 문제

2-1

효준이는 우유를 어제 4컵 마셨고,/ 오늘은 어제보다 1컵 더 적게 마셨습니다./ 효준이가 어제와 오늘 마신 우유는 모두 몇 컵인가요?

따라 풀기 ❶

❷

답 ____________

문해력 레벨 1

2-2

연아는 올해 3살이고/ 언니는 연아보다 3살 더 많습니다./ 연아와 언니의 나이의 합은 몇 살인가요?

스스로 풀기 ❶

❷

답 ____________

문해력 레벨 2

2-3

민우, 수영, 지석이는 갯벌에서 ※맛조개 잡기 체험을 했습니다./ 민우는 맛조개를 4개 잡았고/ 수영이는 민우보다 2개 더 적게 잡았습니다./ 지석이는 민우보다 2개 더 많이 잡았을 때,/ 수영이와 지석이가 잡은 맛조개는 모두 몇 개인가요?

스스로 풀기 ❶ 수영이가 잡은 맛조개의 수 구하기

문해력 백과

맛조개: 가늘고 길며 갯벌이나 얕은 바다의 모래 속에 구멍을 파고 사는 조개로 구멍을 찾아 소금을 뿌리면 속살이 밖으로 올라온다.

❷ 지석이가 잡은 맛조개의 수 구하기

❸ 수영이와 지석이가 잡은 맛조개의 수 구하기

답 ____________

일

수학 문해력 기르기

관련 단원 덧셈과 뺄셈

문해력 문제 3

백합, 코스모스, 무궁화의 꽃잎의 수를 세어 보니/
백합은 6장, 코스모스는 8장, 무궁화는 5장이었습니다./
꽃잎이 가장 많은 꽃은/ 가장 적은 꽃보다 몇 장 더 많나요?
└ 구하려는 것

백합

코스모스

무궁화

해결 전략

꽃잎이 가장 많은 꽃과 가장 적은 꽃을 찾으려면

❶ 꽃잎의 수 6, 8, 5의 크기를 비교하고

+, − 중 알맞은 것 쓰기

❷ (가장 많은 꽃잎의 수) ◯ (가장 적은 꽃잎의 수)를 구한다.

문제 풀기

❶ 꽃잎의 수를 큰 수부터 차례로 쓰면 8, ☐, ☐이므로
가장 많은 꽃잎의 수는 ☐장, 가장 적은 꽃잎의 수는 ☐장이다.

❷ 꽃잎이 가장 많은 꽃은 가장 적은 꽃보다
8−☐=☐(장) 더 많다.

답 ________________

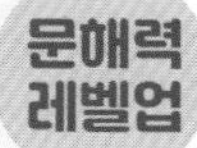

문해력 레벨업 여러 수의 크기를 비교하여 가장 큰 수와 가장 작은 수를 구하자.

수를 순서대로 썼을 때 맨 뒤에 있는 수가 가장 크고, 맨 앞에 있는 수가 가장 작다.

예 4, 6, 1, 8의 크기 비교

1 − 2 − 3 − **4** − 5 − **6** − 7 − 8

가장 작은 수 (1)   가장 큰 수 (8)

쌍둥이 문제

3-1 농장에 돼지 5마리, 소 3마리, 닭 6마리가 있습니다./ 가장 많은 동물은/ 가장 적은 동물보다 몇 마리 더 많나요?

따라 풀기 ❶

❷

답 ____________

문해력 레벨 1

3-2 다음은 평창※동계 올림픽에서 대한민국의 종류별 메달 수를 나타낸 것입니다./ 가장 많이 딴 메달은/ 가장 적게 딴 메달보다 몇 개 더 많나요?

나라	※금메달의 수(개)	은메달의 수(개)	동메달의 수(개)
대한민국	5	8	4

스스로 풀기 ❶

문해력 백과
동계 올림픽: 4년마다 열리는 국제 겨울 스포츠 대회
금메달: 금으로 만든 메달로 운동 경기나 각종 대회에서 우승한 사람(1등)에게 준다.

❷

답 ____________

문해력 레벨 2

3-3 바구니에 망고 4개, 사과 9개, 자두 7개, 바나나 2개가 들어 있습니다./ 가장 많은 과일은/ 둘째로 많은 과일보다 몇 개 더 많나요?

스스로 풀기 ❶ 가장 많은 과일과 둘째로 많은 과일의 수 구하기

❷ 가장 많은 과일은 둘째로 많은 과일보다 몇 개 더 많은지 구하기

답 ____________

수학 문해력 기르기

관련 단원 덧셈과 뺄셈

문해력 문제 4

4장의 수 카드 중에서 2장을 골라/
합이 가장 작은 덧셈식을 만들어/ 계산 결과를 구하세요.
└ 구하려는 것

2	8	5	7

해결 전략

❶ 합이 가장 작은 덧셈식을 만들려면 더하는 두 수가 되도록 작아야 한다.

❷ 위 ❶을 이용하여 덧셈식에 필요한 두 수를 찾아 합을 구한다.

문제 풀기

❶ 합이 가장 작으려면 가장 (큰 , 작은) 수와
둘째로 (큰 , 작은) 수를 더해야 한다.

❷ 수 카드의 수를 작은 수부터 차례로 쓰면 2, ☐, ☐, 8이므로

가장 작은 수는 2, 둘째로 작은 수는 ☐이다.

➜ 합이 가장 작은 덧셈식: 2+☐=☐

답 ____________

문해력 레벨업 합이 가장 큰 덧셈식, 합이 가장 작은 덧셈식 만드는 방법

예 3, 5, 1, 2 중에서 2장을 골라 덧셈식 만들기

되도록 큰 수끼리 더해야 합이 크므로

(합이 가장 큰 덧셈식)
=(가장 큰 수)+(둘째로 큰 수)

가장 큰 수: 5, 둘째로 큰 수: 3
➜ 합이 가장 큰 덧셈식: 5+3=8

되도록 작은 수끼리 더해야 합이 작으므로

(합이 가장 작은 덧셈식)
=(가장 작은 수)+(둘째로 작은 수)

가장 작은 수: 1, 둘째로 작은 수: 2
➜ 합이 가장 작은 덧셈식: 1+2=3

• 정답과 해설 9쪽

복습책 14쪽에 유사, 심화문제 제공

쌍둥이 문제

4-1 4장의 수 카드 중에서 2장을 골라/ 합이 가장 작은 덧셈식을 만들어/ 계산 결과를 구하세요.

4	6	1	9

따라 풀기 ❶

❷

답

문해력 레벨 1

4-2 4장의 수 카드 중에서 2장을 골라/ 합이 가장 큰 덧셈식을 만들어/ 계산 결과를 구하세요.

6	2	1	3

스스로 풀기 ❶

❷

답

문해력 레벨 2

4-3 3장의 수 카드 중에서 2장을 골라/ 합이 가장 큰 덧셈식을 만들었습니다./ 이 덧셈식의 계산 결과에서/ 사용하지 않은 수 카드의 수를 빼면 얼마인지 구하세요.

2	5	4

스스로 풀기 ❶ 합이 가장 큰 덧셈식 만드는 방법 알아보기

❷ 합이 가장 큰 덧셈식 만들기

❸ ❷의 계산 결과에서 사용하지 않은 수 카드의 수 빼기

답

일 수학 문해력 기르기

관련 단원 덧셈과 뺄셈

문해력 문제 5

남자 어린이 5명과 여자 어린이 3명이 키즈 카페에서 놀고 있었습니다./
그중에서 몇 명이 나가고/ 키즈 카페에 4명이 남았습니다./
키즈 카페에서 나간 어린이는 몇 명인가요?
└ 구하려는 것

해결 전략

처음에 있던 전체 어린이의 수를 구하려면

❶ (남자 어린이의 수) ◯ (여자 어린이의 수)를 구하고
└ +, − 중 알맞은 것 쓰기

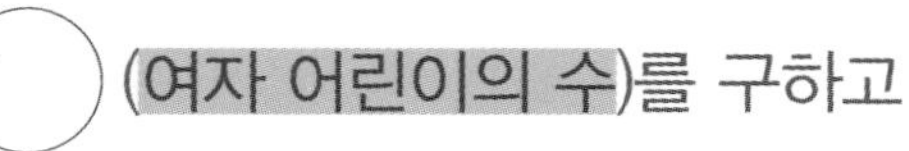

키즈 카페에서 나간 어린이의 수를 구하려면

❷ (위 ❶에서 구한 어린이의 수) ◯ (남은 어린이의 수)를 구한다.

문제 풀기

❶ (처음에 있던 전체 어린이의 수)

$=5+3=\square$(명)

❷ (키즈 카페에서 나간 어린이의 수)

$=\square-4=\square$(명)

답 ____________

문해력 레벨업 처음 수와 남은 수를 알 때 뺄셈으로 없어진 수를 구하자.

예 6개 중에서 몇 개가 없어지고 4개가 남았을 때 없어진 수 구하기

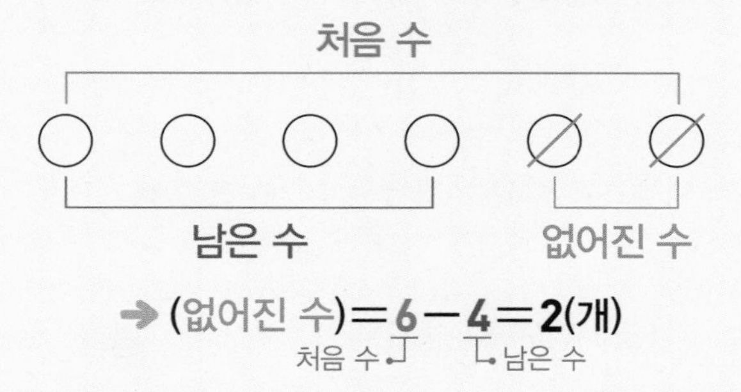

➔ (없어진 수)=6−4=2(개)
처음 수 ┘ └ 남은 수

처음 수와 남은 수를 알면 뺄셈을 이용해 없어진 수를 구할 수 있어.

• 정답과 해설 9쪽
복습책 15쪽에 유사, 심화문제 제공

쌍둥이 문제

5-1 노란색 풍선 3개와 파란색 풍선 4개가 있었습니다./ 그중에서 몇 개가 터지고/ 5개가 남았습니다./ 터진 풍선은 몇 개인가요?

따라 풀기 ❶

❷

답 ____________

문해력 레벨 1

5-2 기철이가 붕어빵 6개를 샀습니다./ 그중에서 1개를 먹고/ 동생에게 몇 개를 주었더니 2개가 남았습니다./ 동생에게 준 붕어빵은 몇 개인가요?

스스로 풀기 ❶

❷

답 ____________

문해력 레벨 2

5-3 딸기 맛 사탕 5개와 포도 맛 사탕 4개가 있었습니다./ 그중에서 유나와 태희가 같은 개수만큼 사탕을 각자 먹었더니/ 3개가 남았습니다./ 유나가 먹은 사탕은 몇 개인가요?

스스로 풀기 ❶ 처음에 있던 전체 사탕의 수 구하기

❷ 유나와 태희가 먹은 사탕의 수 구하기

❸ 유나가 먹은 사탕의 수 구하기

답 ____________

공부한 날 월 일

수학 문해력 기르기

관련 단원 덧셈과 뺄셈

문해력 문제 6

준호가 구슬을 몇 개 가지고 있었는데/
형에게 3개를 받아서/ 8개가 되었습니다./
영미는 준호가 처음에 가지고 있던 구슬의 수보다/ 1개 더 많이 가지고 있습니다./
영미가 가지고 있는 구슬은 몇 개인가요?
└ 구하려는 것

해결 전략

구슬을 몇 개 가지고 있다가 형에게 더 받았으므로

❶ 준호가 처음에 가지고 있던 구슬의 수를 ■개라 하고
덧셈식 ■+(형에게 받은 구슬의 수)=(지금 구슬의 수)를 만든다.

❷ 위 ❶에서 만든 식을 이용하여 ■를 구한다.

영미가 가지고 있는 구슬의 수를 구하려면

❸ (❷에서 구한 ■의 값)+1을 구한다.
└ 준호가 처음에 가지고 있던 구슬의 수

문제 풀기

❶ 준호가 처음에 가지고 있던 구슬의 수를 ■개라 하면
■+□=8이다.

❷ 3과 더해서 8이 되는 수는 □이므로 ■=□이다.

❸ (영미가 가지고 있는 구슬의 수)=□+1=□(개)

답 ________

문해력 레벨업 모르는 수를 □라 하여 식을 만들고 모르는 수를 구하자.

예 어떤 수에 2를 더해서 5가 되었을 때 어떤 수 구하기

어떤 수를 □라 하면

식 □+2=5
➔ 2와 더해서 5가 되는 수는 3이므로 □=3
➔ 어떤 수: 3

예 어떤 수에서 2를 빼서 5가 되었을 때 어떤 수 구하기

어떤 수를 □라 하면

식 □−2=5
➔ 2를 빼서 5가 되는 수는 7이므로 □=7
➔ 어떤 수: 7

• 정답과 해설 10쪽
복습책 16쪽에 유사, 심화문제 제공

쌍둥이 문제

6-1 현지가 칭찬 붙임딱지를 몇 장 가지고 있었는데/ 선생님께 1장을 받아서/ 7장이 되었습니다./ 시우는 현지가 처음에 가지고 있던 칭찬 붙임딱지의 수보다/ 2장 더 적게 가지고 있습니다./ 시우가 가지고 있는 칭찬 붙임딱지는 몇 장인가요?

따라 풀기 ❶

❷

❸

답 ____________

문해력 레벨 1

6-2 어떤 수에서 4를 뺐더니/ 2가 되었습니다./ 어떤 수에 3을 더하면 얼마인가요?

스스로 풀기 ❶

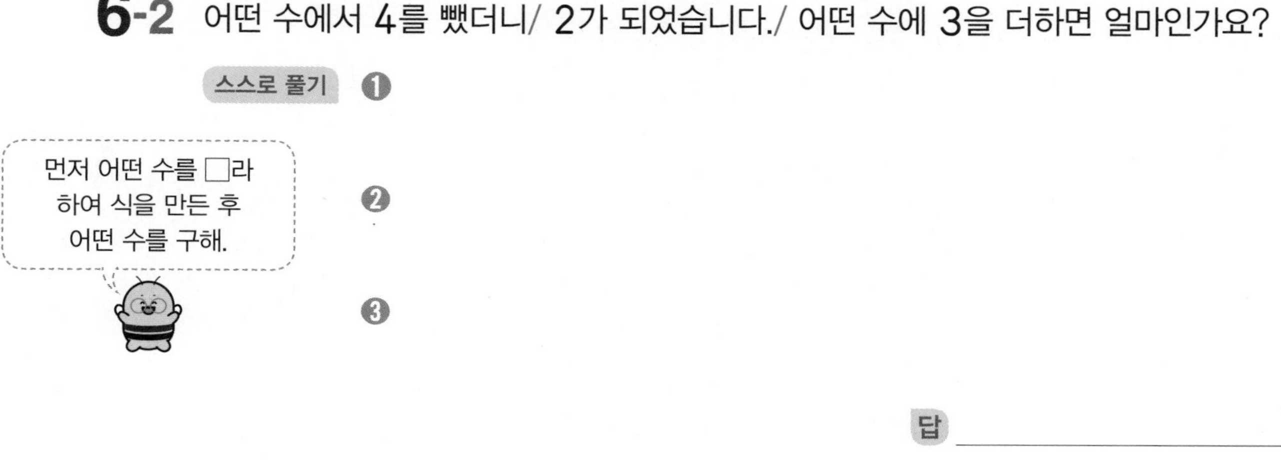

❷

❸

답 ____________

문해력 레벨 2

6-3 어떤 수에서 2를 빼야 할 것을/ 잘못하여 더했더니 9가 되었습니다./ 바르게 계산하면 얼마인가요?

스스로 풀기 ❶ 어떤 수를 □라 하고 잘못 계산한 식 만들기

❷ ❶을 이용하여 □ 구하기

❸ 바르게 계산하기

답 ____________

수학 문해력 기르기

관련 단원 덧셈과 뺄셈

문해력 문제 7

머리핀을 보라는 8개,/ 유미는 5개 가지고 있습니다./
보라가 유미에게 머리핀을 2개 주면/
보라와 유미는 각각 머리핀을 몇 개씩 가지게 되나요?
└ 구하려는 것

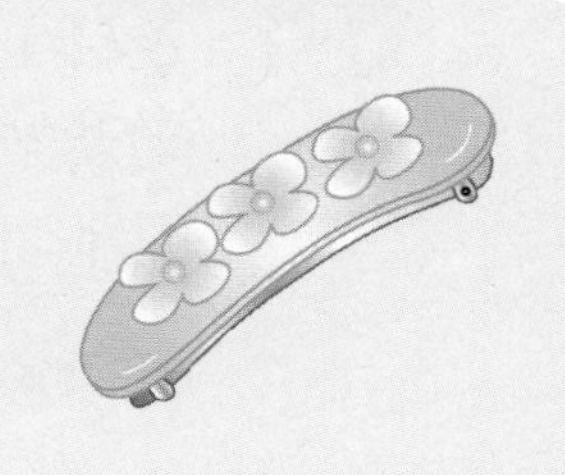

해결 전략

보라가 유미에게 준 후 보라의 머리핀의 수를 구하려면

❶ (보라가 가지고 있는 머리핀의 수) ◯ (보라가 줄 머리핀의 수)를 구하고
+, − 중 알맞은 것 쓰기 / └ 유미에게 줄 머리핀의 수

유미가 보라에게 받은 후 유미의 머리핀의 수를 구하려면

❷ (유미가 가지고 있는 머리핀의 수) ◯ (보라가 줄 머리핀의 수)를 구한다.
└ 유미가 받을 머리핀의 수

문제 풀기

❶ (보라가 가지게 되는 머리핀의 수)
$=8-2=\square$(개)

❷ (유미가 가지게 되는 머리핀의 수)
$=5+\square=\square$(개)

문해력 핵심
물건을 주고 받을 때 주는 만큼 받는다는 것을 이용하여 줄 때는 뺄셈을, 받을 때는 덧셈을 해.

답 보라: __________, 유미: __________

문해력 레벨업 주면 뺄셈을, 받으면 덧셈을 하자.

예 진수가 태호에게 사탕 2개를 주었을 때

진수 (5개) —2개를 태호에게 줌 / 2개를 진수에게 받음→ 태호 (4개)

진수: ↓ **5−2=3**

태호: ↓ **4+2=6**

• 정답과 해설 10쪽
복습책 17쪽에 유사, 심화문제 제공

쌍둥이 문제

7-1 종이비행기를 진호는 2개,/ 명수는 9개 가지고 있습니다./ 명수가 진호에게 종이비행기를 3개 주면/ 진호와 명수는 종이비행기를 각각 몇 개씩 가지게 되나요?

따라 풀기 ❶

❷

답 진호: ______________, 명수: ______________

문해력 레벨 1

7-2 주사위를 은서는 4개,/ 미라는 7개 가지고 있습니다./ 은서가 미라에게 주사위 2개를 받으면/ 은서와 미라는 주사위를 각각 몇 개씩 가지게 되나요?

스스로 풀기 ❶

❷

답 은서: ______________, 미라: ______________

문해력 레벨 2

7-3 오리가 연못 안에 8마리,/ 연못 밖에 3마리 있습니다./ 연못 안에 있던 오리 1마리가 연못 밖으로 나가면/ 연못 안과 연못 밖에 있는 오리 수의 차는 몇 마리인가요?

스스로 풀기 ❶ 연못 안에 있게 되는 오리의 수 구하기

❷ 연못 밖에 있게 되는 오리의 수 구하기

❸ 연못 안과 연못 밖에 있는 오리 수의 차 구하기

답 ______________

공부한 날 월 일

4일

4일

수학 문해력 기르기

관련 단원 덧셈과 뺄셈

문해력 문제 8

어느 지하철 칸에 몇 명이 타고 있었는데/
이번 역에서 4명이 내리고/ 2명이 더 탔습니다./
지금 이 지하철 칸에 타고 있는 사람이 6명이라면/
처음 지하철 칸에 타고 있던 사람은 몇 명인가요?
└ 구하려는 것

해결 전략

처음 지하철 칸에 타고 있는 사람 수를 구하려면

지금 타고 있는 사람 수부터 거꾸로 생각한다.

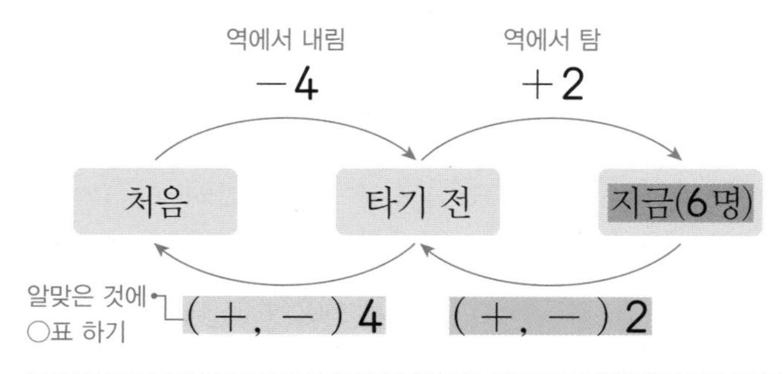

문제 풀기

❶ (2명이 더 타기 전 사람 수)=6−2=☐(명)

❷ (4명이 내리기 전 사람 수)=☐+4=☐(명)

❸ (처음 지하철 칸에 타고 있던 사람 수)=☐명

답 ________

문해력 레벨업 덧셈 또는 뺄셈 상황을 거꾸로 생각하여 처음 수를 구하자.

타기 전 사람 수를 구하려면

덧셈 상황을 거꾸로 생각하여 뺄셈을 해야 한다.

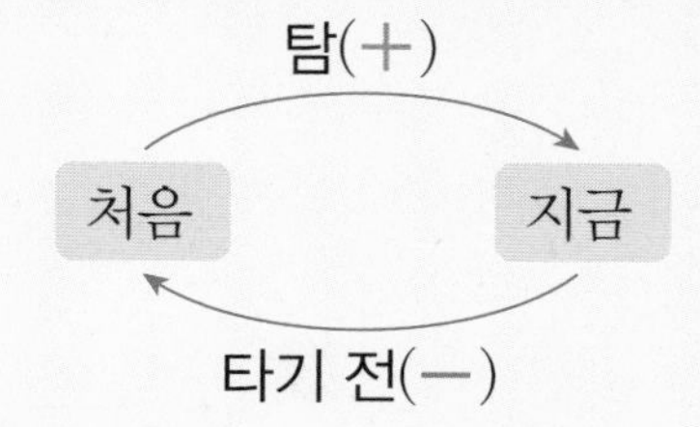

내리기 전 사람 수를 구하려면

뺄셈 상황을 거꾸로 생각하여 덧셈을 해야 한다.

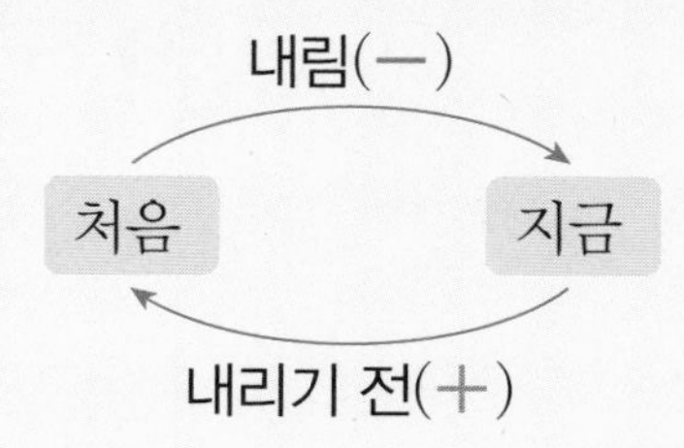

• 정답과 해설 11쪽
복습책 18쪽에 유사, 심화문제 제공

쌍둥이 문제

8-1 버스에 몇 명이 타고 있었는데/ 이번※정류장에서 3명이 내리고/ 6명이 더 탔습니다./ 지금 이 버스에 타고 있는 사람이 9명이라면/ 처음 버스에 타고 있던 사람은 몇 명인가요?

따라 풀기 ❶

❷

❸

문해력 어휘
정류장: 버스나 택시 등이 사람을 태우거나 내려 주기 위하여 머무르는 일정한 장소

답 ____________

문해력 레벨 1

8-2 접시에 만두가 몇 개 있었는데/ 어머니께서 3개를 더 구워 주시고/ 성준이가 5개를 먹었습니다./ 지금 접시에 만두가 2개 남았다면/ 처음 접시에 있던 만두는 몇 개인가요?

스스로 풀기 ❶

❷

❸

답 ____________

문해력 레벨 2

8-3 유준이가 휴대폰 게임을 하고 있는데 게임에서 이기면 3점을 얻고,/ 지면 1점을 잃습니다./ 유준이가 처음에 기본 점수를 받고/ 게임에서 한 번은 이기고 한 번은 졌더니/ 지금 점수가 5점이 되었습니다./ 유준이가 처음에 받은 기본 점수는 몇 점인가요?

스스로 풀기 ❶ 게임에서 지기 전 점수 구하기

❷ 게임에서 이기기 전 점수 구하기

❸ 처음에 받은 기본 점수 구하기

답 ____________

일 수학 문해력 완성하기

관련 단원 덧셈과 뺄셈

기출 1 팽이를 형은 1개,/ 동생은 7개 가지고 있습니다./ 형과 동생의 팽이의 수가 같아지려면/ 동생은 형에게 팽이를 몇 개 주어야 하나요?

해결 전략

• 동생이 형에게 팽이를 몇 개 주어도 두 사람이 가진 전체 팽이의 수는 변하지 않는다.
• 전체 팽이의 수를 똑같은 두 수로 가르기 하여 형과 동생의 팽이의 수가 같아질 때 팽이의 수를 구한다.

예

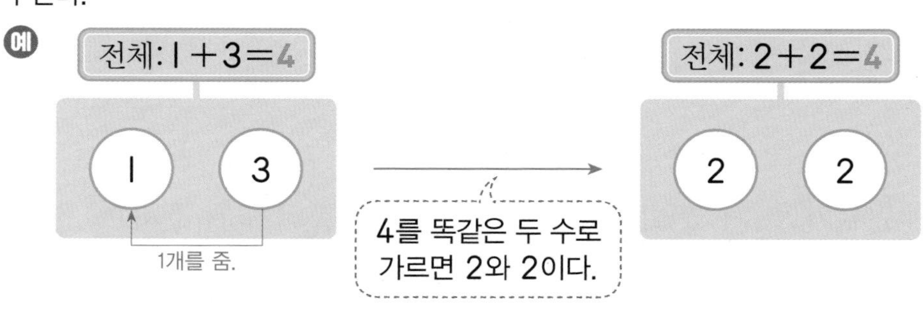

※19년 상반기 19번 기출 유형

문제 풀기

❶ 형과 동생이 가지고 있는 전체 팽이의 수 구하기

❷ 전체 팽이의 수를 똑같은 두 수로 가르기 하기

❸ 형과 동생의 팽이의 수가 같아지려면 동생이 형에게 주어야 하는 팽이의 수 구하기

동생은 팽이를 7개 가지고 있으므로 ☐개를 가지려면

7−☐=☐(개)를 형에게 주어야 한다.

답 ______

관련 단원 덧셈과 뺄셈

기출 2 가르기를 했을 때/ ㉢에 알맞은 수를 구하세요.

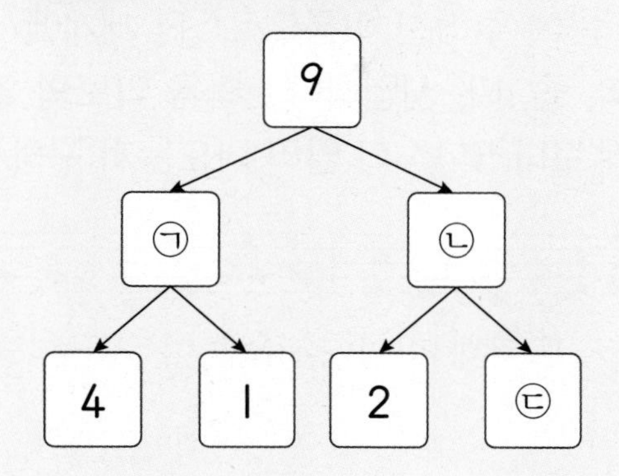

해결 전략

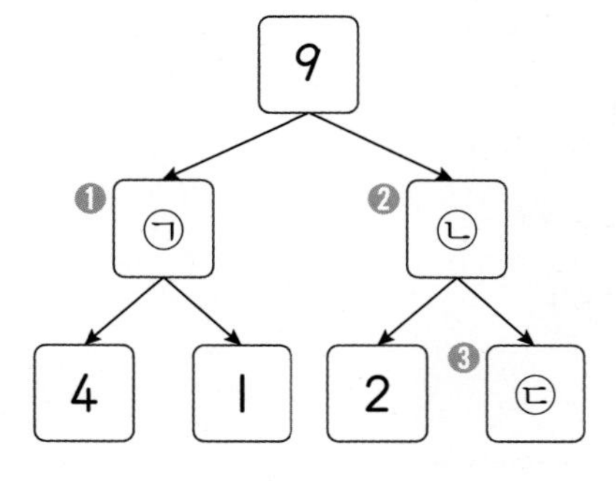

㉠ ➔ ㉡ ➔ ㉢의 순서로 구한다.

❶ ㉠은 4와 1로 가를 수 있다.

❷ 9는 ㉠과 ㉡으로 가를 수 있다.

❸ ㉡은 2와 ㉢으로 가를 수 있다.

※18년 상반기 20번 기출 유형

문제 풀기

❶ ㉠에 알맞은 수 구하기

❷ ㉡에 알맞은 수 구하기

❸ ㉢에 알맞은 수 구하기

답 ____________

수학 문해력 완성하기

관련 단원 덧셈과 뺄셈

융합 3

계이름은 각 음에 주어진 이름으로/ 전 세계에서 공통적으로 사용하는 계이름은 도, 레, 미, 파, 솔, 라, 시입니다./ 다음※악보의 일부분을 보고/ 가장 많이 나오는 계이름은/ '레'보다 몇 번 더 많이 나오는지 구하세요.

문해력 어휘

악보: 음악을 기호, 문자, 숫자 등으로 나타내어 적은 것

해결 전략

주어진 악보에 나오는 계이름은 도, 레, 미, 솔이므로
❶ 계이름의 횟수를 각각 세어 본다.
❷ 가장 많이 나오는 계이름과 그 횟수를 구하여
❸ '레'보다 몇 번 더 많이 나오는지 뺄셈을 하여 구하자.

문제 풀기

❶ 주어진 악보에 나오는 계이름의 횟수 각각 구하기

도: ☐ 번, 레: ☐ 번, 미: ☐ 번, 솔: ☐ 번

❷ 가장 많이 나오는 계이름과 그 횟수 구하기

❸ 위 ❷에서 구한 계이름은 '레'보다 몇 번 더 많이 나오는지 구하기

답 ______

관련 단원 덧셈과 뺄셈

창의 4 수가 적힌 공을 넣으면/ 다른 수가 적힌 공이 나오는 마술 상자가 있습니다./ 다음 마술 상자의 규칙을 알아보고/ ㉠과 ㉡에 알맞은 수를 각각 구하세요.

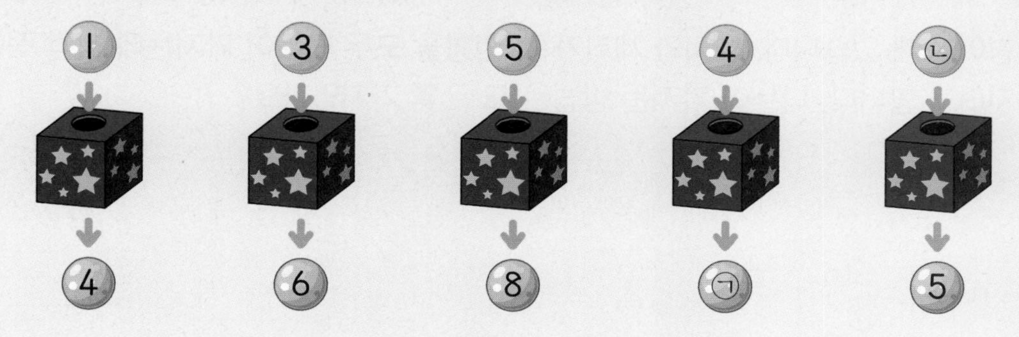

해결 전략

예 규칙 알아보기

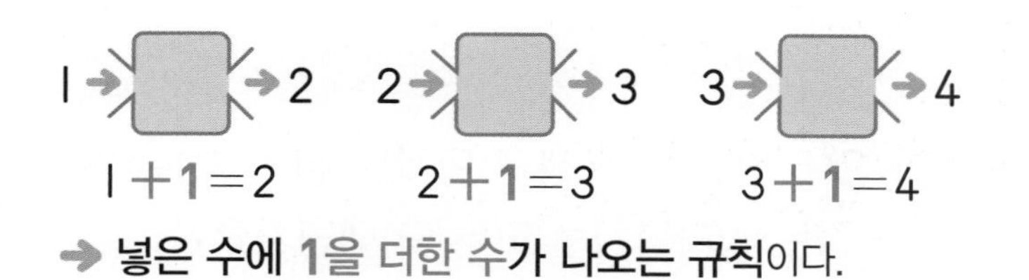

➔ 넣은 수에 1을 더한 수가 나오는 규칙이다.

문제 풀기

❶ 마술 상자의 규칙 알아보기

1+☐=4, 3+☐=6, 5+☐=8이므로 넣은 수에 ☐을/를 더한 수가 나오는 규칙이다.

❷ ㉠에 알맞은 수 구하기

❸ ㉡에 알맞은 수 구하기

답 ㉠: ____________, ㉡: ____________

수학 문해력 평가하기

문제를 읽고 조건을 표시하면서 풀어 봅니다.

40쪽 문해력 1

1 인형이 4개 있습니다. 영지와 세희가 이 인형을 모두 나누어 가지는데 각각 적어도 1개씩은 가지려고 합니다. 나누어 가지는 방법은 모두 몇 가지인가요?

풀이

답 ______________________

42쪽 문해력 2

2 ※주차장에 흰색 자동차가 3대 있고, 검은색 자동차는 흰색 자동차보다 2대 더 많이 있습니다. 주차장에 있는 흰색과 검은색 자동차는 모두 몇 대인가요?

풀이

답 ______________________

52쪽 문해력 7

3 젤리를 연주는 6개, 가희는 3개 가지고 있습니다. 연주가 가희에게 젤리를 2개 주면 연주와 가희는 각각 젤리를 몇 개씩 가지게 되나요?

풀이

답 연주: ______________________, 가희: ______________________

문해력 어휘

주차장: 차를 세워 둘 수 있도록 만든 곳

• 정답과 해설 12쪽

42쪽 문해력 2

4 양이 울타리 안에 5마리 있고, 울타리 밖에는 울타리 안보다 2마리 더 적게 있습니다. 울타리 안과 밖에 있는 양은 모두 몇 마리인가요?

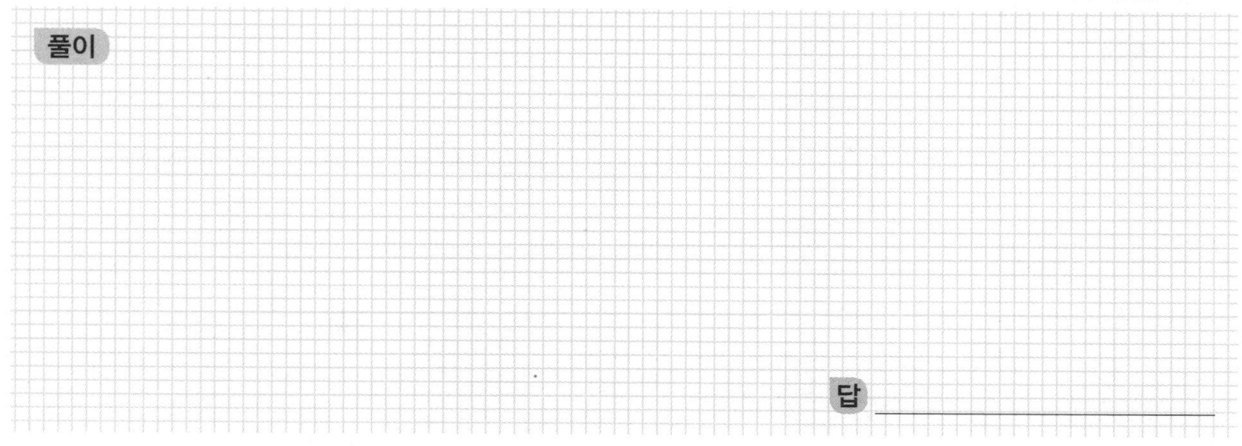

풀이

답 ________________

46쪽 문해력 4

5 4장의 수 카드 중에서 2장을 골라 합이 가장 작은 덧셈식을 만들어 계산 결과를 구하세요.

2	7	5	4

풀이

답 ________________

공부한 날 월 일

수학 문해력 평가하기

44쪽 문해력 3

6 밭에서 감자 7개, 고구마 4개, 당근 5개를 캤습니다. 가장 많이 캔 채소는 가장 적게 캔 채소보다 몇 개 더 많나요?

48쪽 문해력 5

7 별 모양 과자 4개와 하트 모양 과자 5개가 있었습니다. 그중에서 몇 개를 먹었더니 6개가 남았습니다. 먹은 과자는 몇 개인가요?

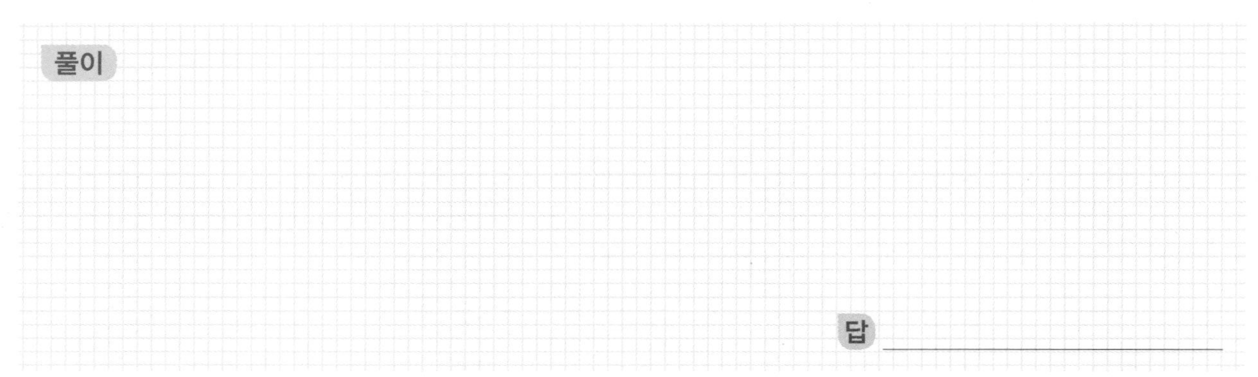

50쪽 문해력 6

8 어떤 수에 3을 더했더니 9가 되었습니다. 어떤 수에서 4를 빼면 얼마인가요?

풀이

답 ______________

• 정답과 해설 12쪽

54쪽 문해력 8

9 어느 기차 칸에 몇 명이 타고 있었는데 이번 역에서 5명이 내리고 3명이 더 탔습니다. 지금 이 기차 칸에 타고 있는 사람이 7명이라면 처음 기차 칸에 타고 있던 사람은 몇 명인가요?

풀이

답 ______________

50쪽 문해력 6

10 성준이가 지우개를 몇 개 가지고 있었는데 동생에게 3개를 주었더니 4개가 되었습니다. 민혜는 성준이가 처음에 가지고 있던 지우개의 수보다 2개 더 적게 가지고 있습니다. 민혜가 가지고 있는 지우개는 몇 개인가요?

풀이

답 ______________

50까지의 수

수의 범위를 확장하여 50까지의 수를 바르게 쓰고 읽으며, 여러 가지 방법으로 수를 표현해 보아요. 또한 수 개념 및 수 감각을 익혀 순서를 알아보거나 크기를 비교하는 활동을 통해 문제를 해결해 봐요.

이번 주에 나오는 어휘 & 지식백과

67쪽 사물함 (私 사사로울 사, 物 물건 물, 函 지닐 함)

개인의 물건을 넣어서 보관할 수 있게 만든 곳

72쪽 쿠키 (Cookie)

밀가루, 설탕, 달걀, 식용유 등을 섞은 반죽을 납작하게 구운 과자

74쪽 감

감나무의 열매로 익으면 단맛이 나며, 그대로 먹기도 하고 껍질을 벗겨 말려서 곶감을 만들기도 한다.

75쪽 조기

회색빛을 띤 은색의 광택이 있는 물고기로 몸의 길이는 40 cm 정도 된다.
한 줄에 10마리씩 2줄로 엮어 20마리 단위(한 두름)로 판다.

76쪽 창구 (窓 창 창, 口 입구 구)

은행이나 우체국에서 직원과 손님이 문서, 돈, 물건 등을 주고 받을 수 있는 곳

82쪽 친환경 (親 친할 친, 環 고리 환, 境 지경 경)

자연 환경을 오염하지 않고 자연 그대로의 환경과 잘 어울리는 것.
논에 농약을 뿌리는 대신 오리나 우렁이를 이용하여 벌레나 해충을 잡는 방법을 친환경이라 한다.

문해력 기초 다지기

문장제에 적용하기

기초 문제가 어떻게 문장제가 되는지 알아봅니다.

1

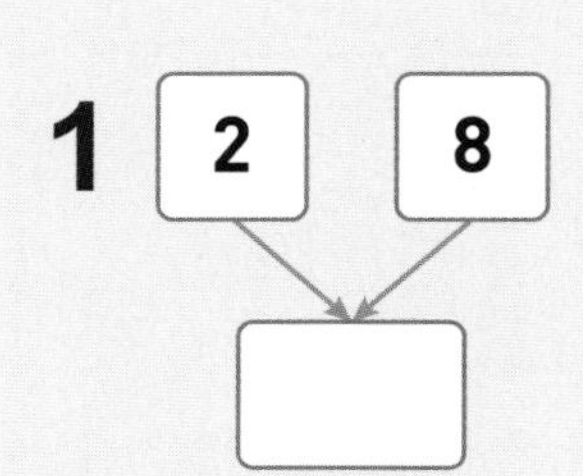

2와 **8**을 **모으면** 얼마인가요?

2

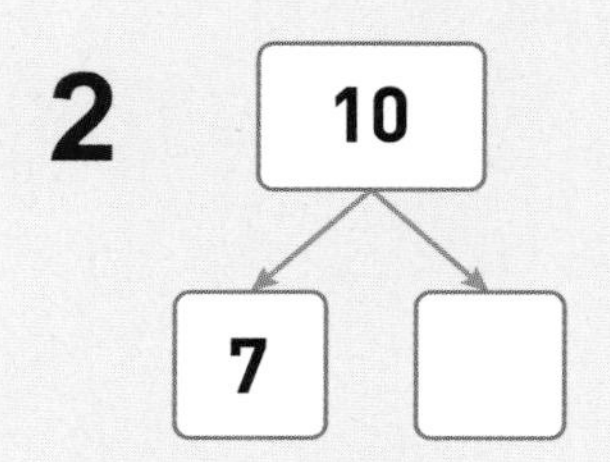

10은 **7**과 어떤 수로 **가를 수 있습니다.**
어떤 수는 얼마인가요?

답 __________

3

5 6

과자가 왼쪽 접시에 **5개**,
오른쪽 접시에 **6개** 있습니다.
두 접시에 있는 과자를 **모으면 모두 몇 개**인가요?

꼭! 단위까지 따라 쓰세요.

답 __________ 개

4

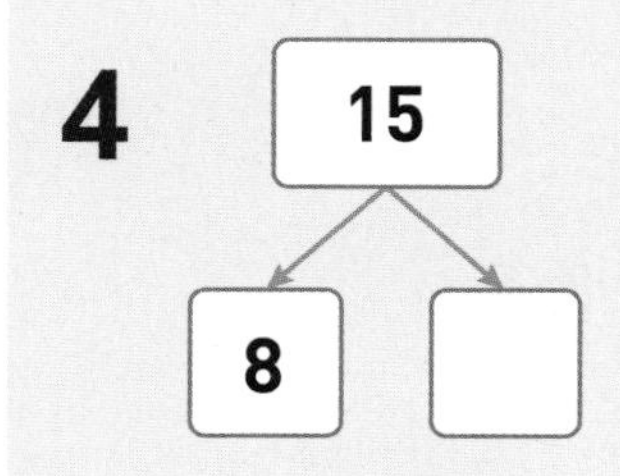

딱지 **15개** 중에서 **8개**는 은지가 가지고,
나머지는 태민이가 가졌습니다.
태민이가 가진 딱지는 몇 개인가요?

답 __________ 개

5 **10**개씩 묶음이 **2**개이면 [ ] 입니다.

수수깡이 **10개씩 묶음 2개**가 있습니다.
수수깡은 **모두 몇 개**인가요?

꼭! 단위까지 따라 쓰세요.

답 ______ 개

6 **10**개씩 묶음 **4**개와 낱개 **7**개는 [ ] 입니다.

땅콩이 한 봉지에 **10개씩 4봉지**가 있고,
낱개로 7개가 있습니다.
땅콩은 **모두 몇 개**인가요?

답 ______ 개

7 32 — [ ] — 34

규민이의 사물함 번호는
32번과 34번 사이에 있는 번호입니다.
규민이의 **사물함 번호는 몇 번**인가요?

답 ______ 번

8 **28**과 **31** 중 더 큰 수는 [ ] 입니다.

색종이를 지훈이는 **28장**,
윤하는 **31장** 가지고 있습니다.
누가 색종이를 더 많이 가지고 있나요?

답 ______

문해력 기초 다지기

문장 읽고 문제 풀기

간단한 문장제를 풀어 봅니다.

1 빨간 사과 **5개**와 초록 사과 **5개**를 모아 바구니에 담았습니다.
바구니에 담은 사과는 **모두 몇 개**인가요?

풀이

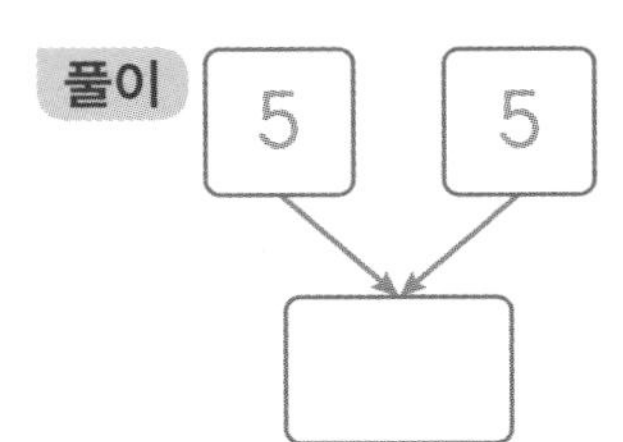

답 ____________

2 저금통에 동전이 **8개** 들어 있었는데
재현이가 동전을 **4개** 더 넣었습니다.
저금통에 들어 있는 동전은 **모두 몇 개**인가요?

풀이

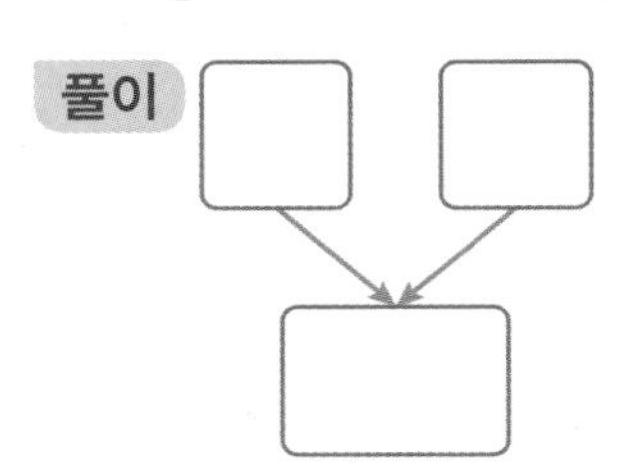

답 ____________

3 화단의 꽃 **17송이** 중에서 **9송이**는 수선화이고,
나머지는 모두 튤립입니다.
튤립은 몇 송이인가요?

풀이

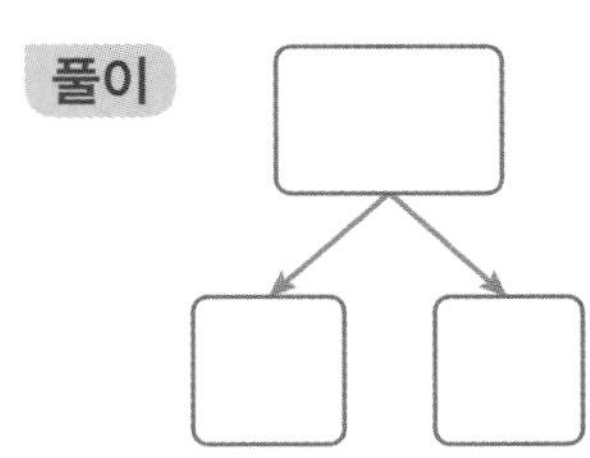

답 ____________

4 구슬 **10개**를 실에 꿰어 **팔찌 한 개**를 만들었습니다.
똑같은 **팔찌 3개**를 만들 때 필요한 구슬은 **모두 몇 개**인가요?

풀이 10개씩 묶음 3개는 [ ]이다.

답 ______

5 지우개를 한 통에 **10개씩** 넣었더니 **2통**이 되고 **6개**가 남았습니다.
지우개는 **모두 몇 개**인가요?

풀이 10개씩 묶음 2개와 낱개 6개는 [ ]이다.

답 ______

6 소윤이네 집은 아파트 **14층과 16층 사이**에 있습니다.
소윤이네 집은 몇 층인가요?

풀이 [14] — [ ] — [16]

답 ______

7 떡집에서 찹쌀떡을 **42개**, 꿀떡을 **48개** 팔았습니다.
더 많이 판 떡은 무엇인가요?

풀이 42와 48 중 더 큰 수는 [ ]이다.

답 ______

1일 수학 문해력 기르기

관련 단원 50까지의 수

문해력 문제 1

단호박이 10개씩 2상자와/
낱개 14개가 있습니다./
단호박은 모두 몇 개인가요?
└ 구하려는 것

해결 전략

❶ 낱개 14개는 '10개씩 몇 상자와 낱개 몇 개'와 같은지 알아본다.

단호박의 수를 구하려면

❷ 10개씩 2상자와 위 ❶에서 나타낸 상자와 낱개의 수를 합쳐서 나타낸 후

❸ 위 ❷에서 구한 것을 수로 나타낸다.

문제 풀기

❶ 낱개 14개는 10개씩 1상자와 낱개 ☐개와 같다.

❷ 단호박은 모두 10개씩 2+1=☐(상자)와 낱개 ☐개와 같다.

❸ (단호박의 수)=☐개

답 ____________

문해력 레벨업 낱개의 수가 10개가 넘으면 10개씩 묶음 몇 개와 낱개 몇 개로 나타낼 수 있다.

예 낱개 10개 → 10개씩 묶음 1개
낱개 12개 → 10개씩 묶음 1개와 낱개 2개
낱개 26개 → 10개씩 묶음 2개와 낱개 6개
낱개 35개 → 10개씩 묶음 3개와 낱개 5개

낱개 ●▲개
→ 10개씩 묶음 ●개와 낱개 ▲개

• 정답과 해설 13쪽
복습책 21쪽에 유사, 심화문제 제공

쌍둥이 문제

1-1 귤이 10개씩 1봉지와/ 낱개 21개가 있습니다./ 귤은 모두 몇 개인가요?

따라 풀기 ❶

❷

❸

답 ____________

문해력 레벨 1

1-2 다음이 나타내는 수는 얼마인지 구하세요.

10개씩 묶음 3개와/ 낱개 18개인 수

스스로 풀기 ❶

❷

❸

답 ____________

문해력 레벨 2

1-3 흰색 바둑돌이 10개씩 묶음 2개와/ 낱개 25개가 있습니다./ 검은색 바둑돌은 흰색 바둑돌보다 1개 더 많을 때/ 검은색 바둑돌은 몇 개인가요?

스스로 풀기 ❶ 낱개 25개는 '10개씩 묶음 몇 개와 낱개 몇 개'와 같은지 알아보기

❷ 흰색 바둑돌의 수 구하기

❸ 검은색 바둑돌의 수 구하기

답 ____________

공부한 날 월 일

1일

수학 문해력 기르기

관련 단원 50까지의 수

문해력 문제 2

달걀이 10개씩 3판과 낱개 6개가 있습니다./
그중에서※쿠키를 만드는 데/
10개씩 1판과 낱개 4개를 사용했다면/
남은 달걀은 몇 개인가요?
└ 구하려는 것

해결 전략

남은 달걀의 수를 '10개씩 몇 판과 낱개 몇 개'로 나타내려면

❶ 원래 있던 달걀의 수에서 사용한 달걀의 수를 빼는데
10개씩 판의 수끼리 빼고, 낱개의 수끼리 뺀다.

남은 달걀의 수를 구하려면

❷ 위 ❶에서 구한 것을 수로 나타낸다.

문해력 백과

※쿠키: 밀가루, 설탕, 달걀, 식용유 등을 섞은 반죽을 납작하게 구운 과자

문제 풀기

❶ 남은 달걀의 수는
10개씩 3−1=☐(판)과 낱개 6−☐=☐(개)이다.

❷ (남은 달걀의 수)=☐개

답 ________

문해력 레벨업 10개씩 묶음의 수끼리, 낱개의 수끼리 계산하고 수로 나타내자.

예 빨간 구슬과 파란 구슬의 합과 차 구하기

빨간 구슬	10개씩 묶음 3개와 낱개 5개
파란 구슬	10개씩 묶음 1개와 낱개 2개

합을 구하면
10개씩 묶음 3+1=4(개)와
낱개 5+2=7(개)
➜ 47개

차를 구하면
10개씩 묶음 3−1=2(개)와
낱개 5−2=3(개)
➜ 23개

• 정답과 해설 13쪽
복습책 22쪽에 유사, 심화문제 제공

쌍둥이 문제

2-1 도넛이 10개씩 2상자와 낱개 7개가 있습니다./ 그중에서 10개씩 1상자와 낱개 3개를 먹었다면/ 남은 도넛은 몇 개인가요?

따라 풀기 ❶

❷

답 ______

문해력 레벨 1

2-2 장미는 10송이씩 묶음 1개와 낱개 3송이가 있습니다./ 튤립은 10송이씩 묶음 2개와 낱개 6송이가 있습니다./ 장미와 튤립은 모두 몇 송이인가요?

스스로 풀기 ❶

❷

답 ______

문해력 레벨 2

2-3 유리컵이 10개씩 묶음 4개와 낱개 5개가 있습니다./ 그중에서 12개가 깨졌다면/ 남은 유리컵은 몇 개인가요?

스스로 풀기 ❶ 12개를 '10개씩 묶음 몇 개와 낱개 몇 개'로 나타내기

❷ 남은 유리컵의 수를 '10개씩 묶음 몇 개와 낱개 몇 개'로 나타내기

❸ 남은 유리컵의 수 구하기

답 ______

일

수학 문해력 기르기

관련 단원 50까지의 수

문해력 문제 3

※감의 껍질을 벗겨 줄이나 꼬챙이에 꽂아 바람이 잘 통하는 곳에서 말리려고 합니다./
바구니에 감이 26개 있습니다./
한 줄에 10개씩 꽂아 3줄을 만들려면/
감이 몇 개 더 있어야 하나요?
└ 구하려는 것

해결 전략

❶ 감 26개를 '10개씩 몇 줄과 낱개 몇 개'로 나타내고

더 있어야 하는 감의 수를 구하려면

❷ 위 ❶에서 나타낸 수가 10개씩 3줄이 되려면
낱개가 몇 개 더 있어야 하는지 구한다.

문해력 백과
감: 감나무의 열매로 익으면 단맛이 나며, 그대로 먹기도 하고 껍질을 벗겨 말려서 곶감을 만들기도 한다.

문제 풀기

❶ 26개는 10개씩 2줄과 낱개 ☐개이다.

❷ 더 있어야 하는 감의 수 구하기
10개씩 3줄이 되려면 낱개의 수가 10개가 되어야 하므로
감이 ☐개 더 있어야 한다.

답 ________

문해력 레벨업 (10개씩 묶음 1개)=(낱개 10개)임을 알자.

예 17개가 10개씩 묶음 2개가 되려면 낱개가 몇 개 더 있어야 하는지 구하기

17개		10개씩 묶음 2개
10개씩 묶음 1개와 낱개 **7**개	+낱개 **3**개 →	10개씩 묶음 1개와 낱개 **10**개 (→ 10개씩 묶음 1개)

10개씩 묶음 2개가 되려면 **낱개의 수가 10개**가 되어야 하므로 낱개가 3개 더 있어야 한다.

• 정답과 해설 14쪽
복습책 23쪽에 유사, 심화문제 제공

쌍둥이 문제

3-1 ※조기가 15마리 있습니다./ 조기를 한 줄에 10마리씩 2줄을 엮으려면/ 조기가 몇 마리 더 있어야 하나요?

따라 풀기 

문해력 백과

조기: 회색빛을 띤 은색의 광택이 있는 물고기로 몸의 길이는 40 cm 정도 된다. 한 줄에 10마리씩 2줄로 엮어 20마리 단위(한 두름)로 판다.

❷

답 ________

문해력 레벨 1

3-2 마스크를 영지는 33개 가지고 있고,/ 정훈이는 10개씩 묶음 4개를 가지고 있습니다./ 영지와 정훈이가 가지고 있는 마스크의 수가 같아지려면/ 영지는 마스크를 몇 개 더 가져야 하나요?

스스로 풀기 ❶

❷

답 ________

문해력 레벨 2

3-3 감자와 고구마를 각각 한 상자에 10개씩 담아 5상자씩 만들려고 합니다./ 지금까지 담은 감자는 48개,/ 고구마는 42개일 때/ 더 담아야 하는 감자와 고구마는 모두 몇 개인가요?

스스로 풀기 ❶ 더 담아야 하는 감자의 수 구하기

❷ 더 담아야 하는 고구마의 수 구하기

❸ 더 담아야 하는 감자와 고구마의 수 구하기

답 ________

공부한 날 월 일

2일

일 수학 문해력 기르기

관련 단원 50까지의 수

문해력 문제 4

은행에서는※창구를 이용할 때 번호표를 뽑습니다./
유정이의 아버지가 뽑은 번호표는 17번이고,/
선호의 어머니가 뽑은 번호표는 23번입니다./
두 사람 사이의 번호표를 뽑은 사람은 모두 몇 명인가요?
└ 구하려는 것

해결 전략

두 사람 사이의 번호표를 뽑은 사람 수를 구하려면

❶ 유정이의 아버지가 뽑은 번호표의 수와
선호의 어머니가 뽑은 번호표의 수
사이의 수를 구하고

❷ 위 ❶에서 구한 수가 모두 몇 개인지 센다.

문해력 어휘

창구: 은행이나 우체국에서 직원과 손님이 문서, 돈, 물건 등을 주고받을 수 있는 곳

문제 풀기

❶ 17과 23 사이의 수는
18, 19, ☐, ☐, ☐이다.

문해력 주의

17과 23 사이에는 17과 23이 포함되지 않아요!

❷ 두 사람 사이의 번호를 뽑은 사람은 모두 ☐명이다.

답 ________

문해력 레벨업

■와 ▲ 사이의 수에는 ■와 ▲가 포함되지 않는다.

예 12와 20 사이의 수 구하기

12 | 13 | 14 | 15 | 16 | 17 | 18 | 19 | 20

(13: 12보다 1만큼 더 큰 수, 19: 20보다 1만큼 더 작은 수)

→ 13, 14, 15, 16, 17, 18, 19로 모두 7개이다.

쌍둥이 문제

4-1

책꽂이에 책들이 번호 순서대로 꽂혀 있습니다./ 24번과 31번 사이에 꽂혀 있는/ 책은 모두 몇 권인가요?

따라 풀기 ❶

❷

답 ____________

문해력 레벨 1

4-2

운동장에 학생들이 한 줄로 서 있습니다./ 지원이는 앞에서부터 서른여섯 번째에 서 있고,/ 승우는 앞에서부터 마흔다섯 번째에 서 있습니다./ 지원이와 승우 사이에 서 있는 학생은 모두 몇 명인가요?

스스로 풀기 ❶

❷

답 ____________

문해력 레벨 2

4-3

놀이 공원에 40명의 학생들이 놀이 기구를 타려고 한 줄로 서 있습니다./ 민지는 앞에서부터 30번째에 서 있고,/ 성호는 뒤에서부터 3번째에 서 있습니다./ 민지와 성호 사이에 서 있는 학생은 모두 몇 명인가요?

스스로 풀기 ❶ 성호가 앞에서부터 몇 번째에 서 있는지 알아보기

민지는 앞에서부터 30번째이고, 성호는 뒤에서부터 3번째이므로 기준을 '앞에서부터'로 같게 나타내어 문제를 해결하자.

❷ 민지와 성호의 순서 사이에 있는 수 구하기

❸ 민지와 성호 사이에 서 있는 학생 수 구하기

답 ____________

일

수학 문해력 기르기

관련 단원 50까지의 수

문해력 문제 5

두 주머니에 구슬이 각각 5개, 7개 들어 있습니다./
두 주머니에 들어 있는 구슬을/
서윤이와 하준이가 똑같이 나누어 가지려고 합니다./
한 사람이 가질 수 있는 구슬은 몇 개인가요?
└ 구하려는 것

해결 전략

두 주머니에 들어 있는 전체 구슬의 수를 구하려면

❶ 두 주머니에 들어 있는 구슬의 수 5와 7을 모으기 하고

한 사람이 가질 수 있는 구슬의 수를 구하려면

❷ 위 ❶에서 구한 전체 구슬의 수를 똑같은 두 수로 가르기 한다.

문제 풀기

❶ 5와 7을 모으면 ☐ 이므로

두 주머니에 들어 있는 구슬은 모두 ☐ 개이다.

❷ 위 ❶에서 구한 전체 구슬의 수를 똑같은 두 수로 가르기 하기

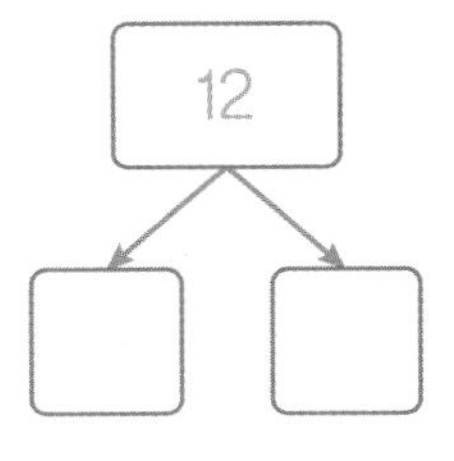

→ 한 사람이 가질 수 있는 구슬은 ☐ 개이다.

답 ______________

문해력 레벨업 수를 두 수로 가를 수 있는 경우 중에서 똑같은 두 수로 가르는 경우를 찾는다.

예 10을 똑같은 두 수로 가르기

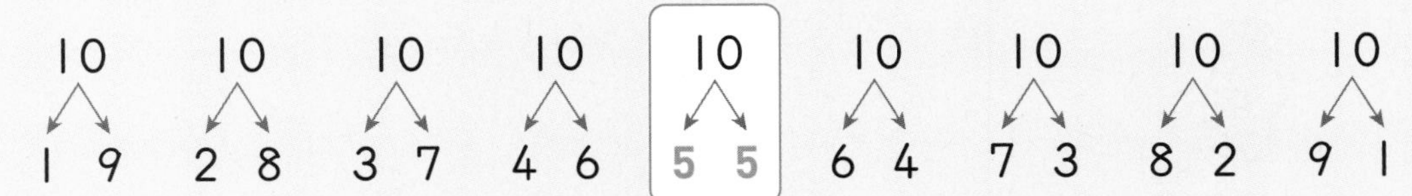

→ **10**은 똑같은 수인 **5**와 **5**로 가를 수 있다.

• 정답과 해설 15쪽
복습책 25쪽에 유사, 심화문제 제공

쌍둥이 문제

5-1 두 봉지에 사탕이 각각 9개, 7개 들어 있습니다./ 두 봉지에 들어 있는 사탕을/ 진혁이와 솔미가 똑같이 나누어 가지려고 합니다./ 한 사람이 가질 수 있는 사탕은 몇 개인가요?

따라 풀기 ❶

❷

답 ______________

문해력 레벨 1

5-2 그림과 같이 두 접시에 담긴 체리를/ 하은이와 영민이가 똑같이 나누어 먹으려고 합니다./ 한 사람이 먹을 수 있는 체리는 몇 개인가요?

스스로 풀기 ❶

❷

답 ______________

문해력 레벨 2

5-3 토끼 인형 6개와/ 곰 인형 9개가 있습니다./ 인형을 종류에 상관없이 두 사람이 똑같이 나누어 가졌더니/ 1개가 남았습니다./ 한 사람이 가진 인형은 몇 개인가요?

스스로 풀기 ❶ 전체 인형의 수 구하기

❷ 두 사람이 나누어 가진 인형의 수 구하기

❸ 위 ❷에서 구한 인형의 수를 똑같은 두 수로 가르기 하여 한 사람이 가진 인형의 수 구하기

답 ______________

수학 문해력 기르기

관련 단원 50까지의 수

문해력 문제 6

오른쪽 3장의 수 카드 중에서 2장을 골라/ 한 번씩만 사용하여 몇십몇을 만들려고 합니다./ 만들 수 있는 가장 큰 수는 얼마인가요?
└ 구하려는 것

2	1	4

해결 전략

가장 큰 수를 만들어야 하므로

❶ 3장의 수 카드를 큰 수부터 차례로 쓴다.

가장 큰 몇십몇을 만들려면 (알맞은 말에 ○표 하기)

❷ 가장 (큰 , 작은) 수를 10개씩 묶음의 수로,
두 번째로 (큰 , 작은) 수를 낱개의 수로 하여 수를 만든다.

문제 풀기

❶ 수 카드의 수를 큰 수부터 차례로 쓰면 4, ☐, ☐이다.

❷ 가장 큰 몇십몇 만들기

10개씩 묶음의 수는 4로 하고, 낱개의 수는 ☐로 하여 수를 만든다.

➔ 만들 수 있는 가장 큰 수: ☐

답 ______

문해력 레벨업 조건에 맞는 몇십몇을 만들자.

예 1, 2, 3, 4 중에서 2장을 골라 조건에 맞는 몇십몇 만들기
(1: 가장 작은 수, 4: 가장 큰 수)

• 가장 큰 몇십몇

4 3

큰 수부터 순서대로

• 두 번째로 큰 몇십몇

4 2

가장 큰 몇십몇의 낱개의 수를 그 다음으로 큰 수로 바꾼다.

• 가장 작은 몇십몇

1 2

작은 수부터 순서대로

• 두 번째로 작은 몇십몇

1 3

가장 작은 몇십몇의 낱개의 수를 그 다음으로 작은 수로 바꾼다.

• 정답과 해설 15쪽
복습책 26쪽에 유사, 심화문제 제공

쌍둥이 문제

6-1 오른쪽 3장의 수 카드 중에서 2장을 골라/ 한 번씩만 사용하여 몇십몇을 만들려고 합니다./ 만들 수 있는 가장 큰 수는 얼마인가요?

3	0	1

따라 풀기 ❶

❷

답 ______

문해력 레벨 1

6-2 오른쪽 3장의 수 카드 중에서 2장을 골라/ 한 번씩만 사용하여 몇십몇을 만들려고 합니다./ 만들 수 있는 가장 작은 수는 얼마인가요?

7	2	5

스스로 풀기 ❶

❷

답 ______

문해력 레벨 2

6-3 4장의 수 카드 중에서 2장을 골라/ 한 번씩만 사용하여 몇십몇을 만들려고 합니다./ 만들 수 있는 두 번째로 큰 수는 얼마인가요?

1	4	0	3

스스로 풀기 ❶ 4장의 수 카드를 큰 수부터 차례로 쓰기

❷ 가장 큰 몇십몇 만들기

❸ 만들 수 있는 두 번째로 큰 수 구하기

답 ______

4일 수학 문해력 기르기

관련 단원 50까지의 수

문해력 문제 7

※친환경 블루베리를 대한이는 25개,/ 민국이는 34개,/ 만세는 10개씩 묶음 1개와 낱개 9개를 땄습니다./ 대한, 민국, 만세 중에서 블루베리를 가장 많이 딴 사람은 누구인가요?

└ 구하려는 것

해결 전략

❶ 만세가 딴 블루베리를 수로 나타내고

블루베리를 가장 많이 딴 사람을 구하려면

❷ 25, 34, '위 ❶에서 나타낸 수'의 크기를 비교하여 가장 큰 수를 구한다.

문해력 어휘

친환경: 자연환경을 오염하지 않고 자연 그대로의 환경과 잘 어울리는 것

문제 풀기

❶ 만세가 딴 블루베리의 수: 10개씩 묶음 1개와 낱개 ☐개

➔ ☐개

❷ 25, 34, 19 중 가장 큰 수는 ☐이다.

➔ 블루베리를 가장 많이 딴 사람: ☐

답 ____________

문해력 레벨업 세 수를 동시에 비교하는 방법을 알아보자.

① 10개씩 묶음의 수를 비교		② 낱개의 수를 비교
10개씩 묶음의 수가 클수록 수가 크다.	➔	10개씩 묶음의 수가 같으면 낱개의 수가 클수록 수가 크다.

예 32, 25, 35를 크기가 큰 순서대로 쓰기

① 10개씩 묶음의 수를 비교하면 **3**2와 **3**5는 **2**5보다 크다.

② 32와 35는 10개씩 묶음의 수가 같으므로 낱개의 수를 비교하면 3**5**가 3**2**보다 크다.

➔ 크기가 큰 순서대로 쓰면 35, 32, 25이다.

• 정답과 해설 15쪽
복습책 27쪽에 유사, 심화문제 제공

쌍둥이 문제

7-1 동화책은 27권,/ 위인전은 43권,/ 만화책은 10권씩 묶음 3개와 낱권 6권이 있습니다./ 동화책, 위인전, 만화책 중에서 가장 많은 책은 무엇인가요?

따라 풀기 ❶

❷

답 ____________________

문해력 레벨 1

7-2 아버지는 38살,/ 어머니는 서른다섯 살,/ 고모는 서른일곱 살입니다./ 아버지, 어머니, 고모 중에서 나이가 가장 적은 사람은 누구인가요?

스스로 풀기 ❶

❷

답 ____________________

문해력 레벨 2

7-3 축구공은 19개보다 1개 더 많고,/ 농구공은 열다섯 개,/ 야구공은 23개가 있습니다./ 축구공, 농구공, 야구공 중에서 가장 많은 공은 무엇인가요?

스스로 풀기 ❶ 축구공, 농구공, 야구공은 각각 몇 개인지 수로 나타내기

❷ 가장 많은 공 구하기

답 ____________________

공부한 날 월 일

4일

수학 문해력 기르기

관련 단원 50까지의 수

문해력 문제 8

다음 설명을 모두 만족하는 수를 구하세요.
└ 구하려는 것

- 20과 30 사이의 수입니다.
- 낱개의 수는 4와 5를 모은 수와 같습니다.

해결 전략

10개씩 묶음의 수를 구하려면

❶ 20과 30 사이의 수의 10개씩 묶음의 수를 구한다.

낱개의 수를 구하려면

❷ 4와 5를 모은 수를 구한다.

❸ 위 ❶과 ❷를 이용하여 설명을 모두 만족하는 수를 구한다.

문제 풀기

❶ 20과 30 사이의 수는 10개씩 묶음의 수가 ☐이다.

❷ 4와 5를 모은 수는 ☐이므로 낱개의 수는 ☐이다.

❸ 설명을 모두 만족하는 수:
10개씩 묶음 2개와 낱개 9개인 수이므로 ☐이다.

답 ________________

문해력 레벨업 주어진 설명을 하나씩 따져가며 설명을 모두 만족하는 수를 구하자.

예
- 30과 40 사이의 수이다. → 31, 32, 33, 34, 35, 36, 37, 38, 39 → 10개씩 묶음의 수가 3이다.
- 낱개의 수는 10개씩 묶음의 수보다 작다. → 낱개의 수는 3보다 작아야 하므로 낱개의 수가 될 수 있는 수는 1, 2이다.

→ 설명을 모두 만족하는 수: 31, 32

• 정답과 해설 16쪽
복습책 28쪽에 유사, 심화문제 제공

쌍둥이 문제

8-1 다음 설명을 모두 만족하는 수를 구하세요.

- 30과 40 사이의 수입니다.
- 낱개의 수는 3과 3으로 가를 수 있습니다.

따라 풀기 ❶

❷

❸

답 ____________

문해력 레벨 1

8-2 다음 설명을 모두 만족하는 수는 몇 개인가요?

- 40과 50 사이의 수입니다.
- 낱개의 수는 10개씩 묶음의 수보다 큽니다.

스스로 풀기 ❶

❷

❸

답 ____________

문해력 레벨 2

8-3 다음 설명을 모두 만족하는 수를 모두 구하세요.

- 20과 40 사이의 수입니다.
- 10개씩 묶음의 수와 낱개의 수의 합은 4입니다.

스스로 풀기 ❶ 10개씩 묶음의 수가 될 수 있는 수 구하기

❷ 낱개의 수가 될 수 있는 수 구하기

❸ 설명을 모두 만족하는 수 구하기

답 ____________

일 수학 문해력 완성하기

관련 단원 50까지의 수

기출 1

재욱이와 소현이가 가위바위보를 했습니다./ 첫째 판에서는 둘 다 보를 내어 비겼고,/ 둘째 판에서는 재욱이가 바위를 내어 이겼습니다./ 둘째 판까지 두 사람이 펼친 손가락은 모두 몇 개인가요?

해결 전략

예

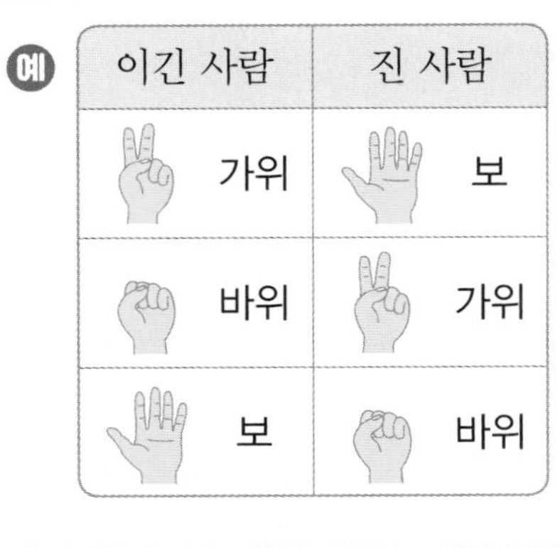

이긴 사람	진 사람
가위	보
바위	가위
보	바위

가위바위보에서 한 사람이 이겼을 때 진 사람이 낸 것 구하기

(1) 가위로 이겼다. ➔ 진 사람은 보를 냈다.

(2) 바위로 이겼다. ➔ 진 사람은 가위를 냈다.

(3) 보로 이겼다. ➔ 진 사람은 바위를 냈다.

※14년 상반기 19번 기출 유형

문제 풀기

❶ 첫째 판에서 두 사람이 펼친 손가락의 수 구하기

둘 다 보를 냈으므로 펼친 손가락의 수 [ ] 와 [ ] 를 모은다. ➔ [ ] 개

❷ 둘째 판에서 두 사람이 펼친 손가락의 수 구하기

재욱이가 바위를 내어 이겼으므로 소현이는 [ ] 를 냈다.

펼친 손가락의 수 [ ] 과 [ ] 를 모은다. ➔ [ ] 개

❸ 둘째 판까지 두 사람이 펼친 손가락의 수 모두 구하기

답 ____________

관련 단원 50까지의 수

기출 2 책상 위에 연필, 지우개, 자, 색연필이 놓여 있습니다./ 다음을 보고 연필과 지우개의 수를 각각 구하세요.

- 연필과 지우개의 수를 모으면 6입니다.
- 지우개, 자, 색연필의 수를 모으면 7입니다.
- 연필, 지우개, 자, 색연필의 수를 모두 모으면 11입니다.

해결 전략

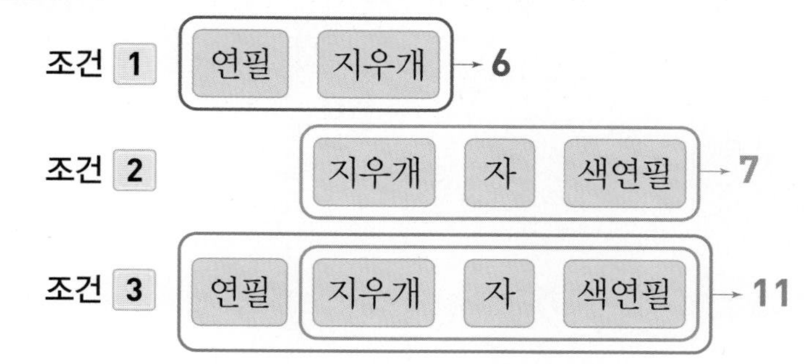

❶ 조건 2와 3을 이용하여 연필의 수를 구할 수 있다.

❷ 위 ❶에서 구한 연필의 수와 조건 1을 이용하여 지우개의 수를 구할 수 있다.

※16년 상반기 21번 기출 유형

문제 풀기

❶ 연필의 수 구하기

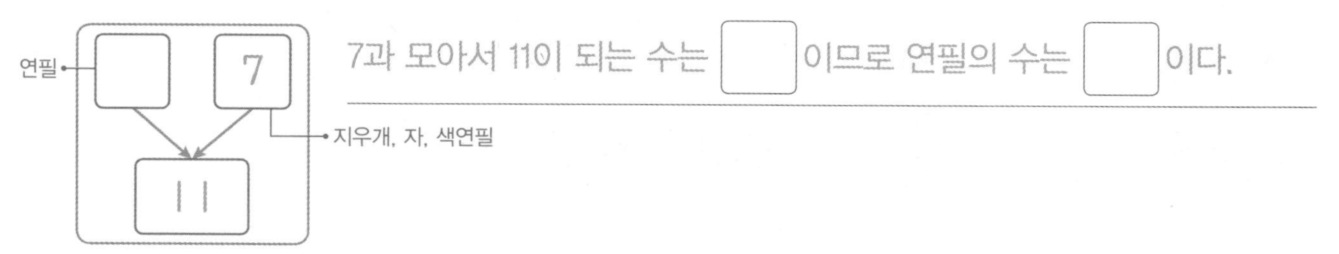

❷ 지우개의 수 구하기

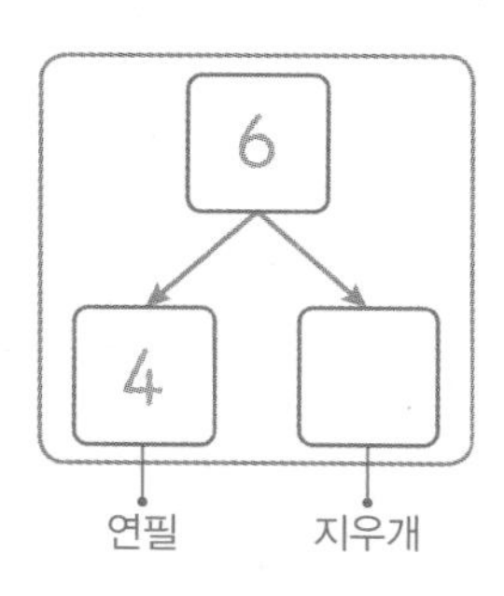

6은 4와 □로 가를 수 있으므로 지우개의 수는 □이다.

답 연필의 수: ________, 지우개의 수: ________

공부한 날 월 일

5일

일

수학 문해력 완성하기

관련 단원 50까지의 수

창의 3 지금 우리가 사용하고 있는 0, 1, 2, 3, 4, 5, 6, 7, 8, 9는 인도 아라비아 숫자로 세계에서 널리 사용되고 있습니다./ 고대 이집트에서는 다음과 같은 숫자를 사용했는데/ 10 다음의 수는 이 숫자들을 이용해서 |보기|와 같이 나타냈습니다.

1	2	3	4	5
/	//	///	////	/// //
6	7	8	9	10
/// ///	//// ///	//// ////	///// ////	∩

|보기|

11 → ∩/

25 → ∩∩/// //

화살표의 규칙에 따라 빈칸에 알맞은 수를/ 아라비아 숫자로 나타내 보세요.

→: 1만큼 더 큰 수

↓: 10만큼 더 큰 수

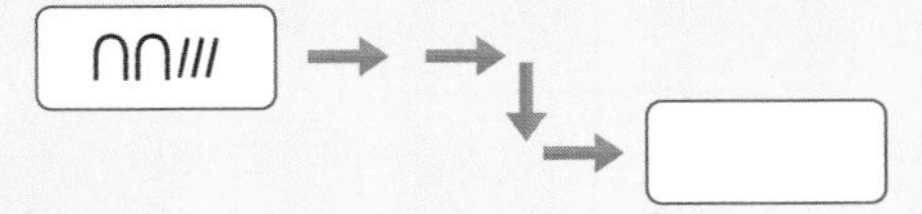

해결 전략

10 → 11 → 12 ↓ 22 → 23

(→: 1만큼 더 큰 수, ↓: 10만큼 더 큰 수)

문제 풀기

❶ 화살표가 시작하는 곳의 이집트 숫자 ∩∩///을 아라비아 숫자로 나타내기

∩∩///을 아라비아 숫자로 나타내면 ☐이다.

❷ 화살표의 규칙에 따라 차례로 수를 써서 마지막 빈칸에 알맞은 수 구하기

23 → ☐ → ☐ ↓ ☐ → ☐

답 ____________

관련 단원 50까지의 수

융합 4 오징어와 문어는 뼈가 없고 몸이 부드러운 바다 생물입니다./ 오징어는 다리가 10개이고 문어는 다리가 8개입니다./ 오징어와 문어의 수가 같고,/ 오징어 전체 다리 수가 문어 전체 다리 수보다 8개 더 많을 때/ 오징어는 몇 마리인가요?

오징어

문어

해결 전략

1마리씩일 때	2마리씩일 때	3마리씩일 때	…
→ 다리 수의 차: 2개	2개 차이 / 2개 차이	2개 차이 / 2개 차이 / 2개 차이	…

+2개 +2개

문제 풀기

❶ 오징어와 문어가 한 마리씩일 때 다리 수의 차 구하기

오징어와 문어가 한 마리씩일 때 10은 8보다 ☐ 만큼 더 큰 수이므로 다리 수가 ☐ 개 차이가 난다.

❷ 오징어와 문어의 다리 수가 8개 차이가 날 때 오징어의 수 구하기

오징어와 문어가 2마리씩일 때는 다리 수가 ☐ 개, 3마리씩일 때는 다리 수가 ☐ 개, 4마리씩일 때는 다리 수가 ☐ 개 차이가 난다. → 오징어는 ☐ 마리이다.

답 ________

수학 문해력 평가하기

문제를 읽고 조건을 표시하면서 풀어 봅니다.

70쪽 문해력 1

1 장난감 블록이 10개씩 2상자와 낱개 26개가 있습니다. 장난감 블록은 모두 몇 개인가요?

풀이

답 ______________

74쪽 문해력 3

2 복숭아가 35개 있습니다. 한 상자에 10개씩 담아 4상자를 만들려면 복숭아는 몇 개 더 있어야 하나요?

풀이

답 ______________

72쪽 문해력 2

3 두유가 10병씩 4상자와 낱개 4병이 있습니다. 그중에서 10병씩 3상자와 낱개 2병을 이웃에게 나누어 주었다면 남은 두유는 몇 병인가요?

풀이

답 ______________

• 정답과 해설 17쪽

72쪽 문해력 2

4 공책이 10권씩 묶음 1개와 낱권 6권이 있습니다. 10권씩 묶음 1개와 낱권 1권을 더 사 왔다면 공책은 모두 몇 권인가요?

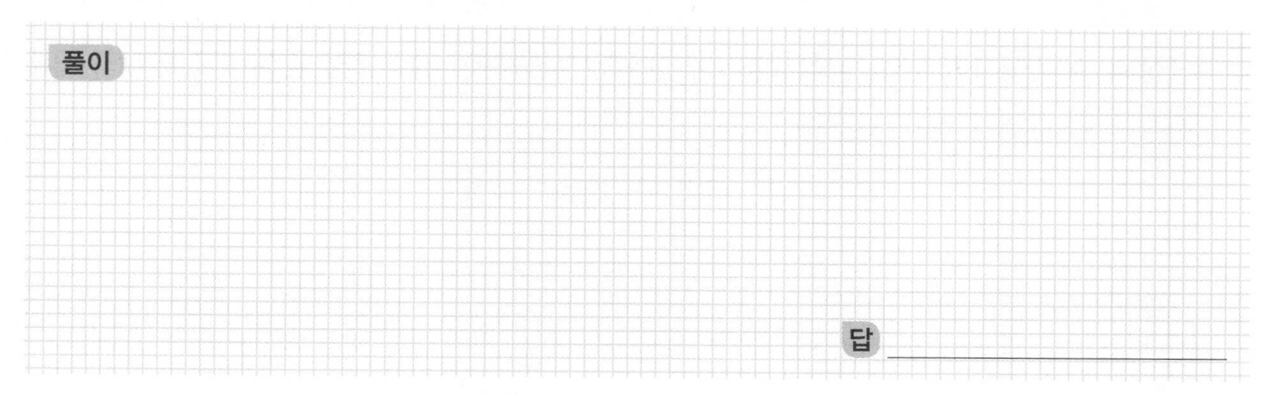

풀이

답 ______

76쪽 문해력 4

5 용준이네 반 학생들이 번호 순서대로 줄을 섰습니다. 19번과 27번 사이에 서 있는 학생은 모두 몇 명인가요?

풀이

답 ______

78쪽 문해력 5

6 두 접시에 초콜릿이 각각 6개, 8개 놓여 있습니다. 두 접시에 놓여 있는 초콜릿을 승주와 은율이가 똑같이 나누어 먹으려고 합니다. 한 사람이 먹을 수 있는 초콜릿은 몇 개인가요?

풀이

답 ______

공부한 날 월 일

수학 문해력 평가하기

80쪽 문해력 6

7 3장의 수 카드 중에서 2장을 골라 한 번씩만 사용하여 몇십몇을 만들려고 합니다. 만들 수 있는 가장 큰 수는 얼마인가요?

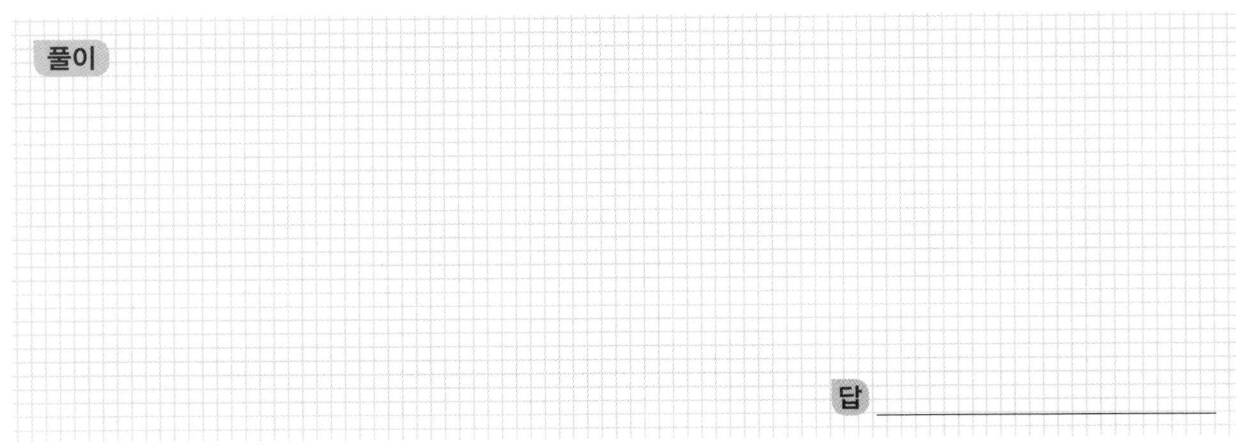

82쪽 문해력 7

8 종이학을 영재는 37개, 윤아는 42개, 혜지는 10개씩 묶음 4개와 낱개 7개를 접었습니다. 영재, 윤아, 혜지 중에서 종이학을 가장 많이 접은 사람은 누구인가요?

풀이

답 ______________________

• 정답과 해설 17쪽

84쪽 문해력 8

9 다음 설명을 모두 만족하는 수를 구하세요.

> • 40과 50 사이의 수입니다.
> • 10개씩 묶음의 수와 낱개의 수는 같습니다.

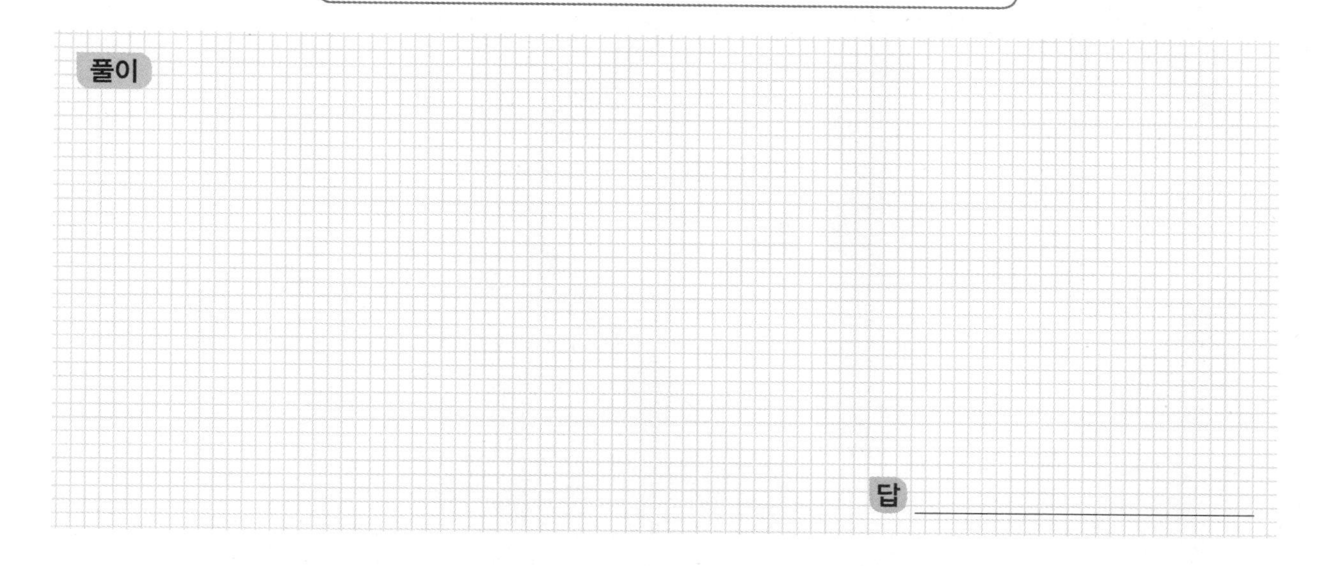

80쪽 문해력 6

10 4장의 수 카드 중에서 2장을 골라 한 번씩만 사용하여 몇십몇을 만들려고 합니다. 만들 수 있는 가장 작은 수는 얼마인가요?

2 9 6 4

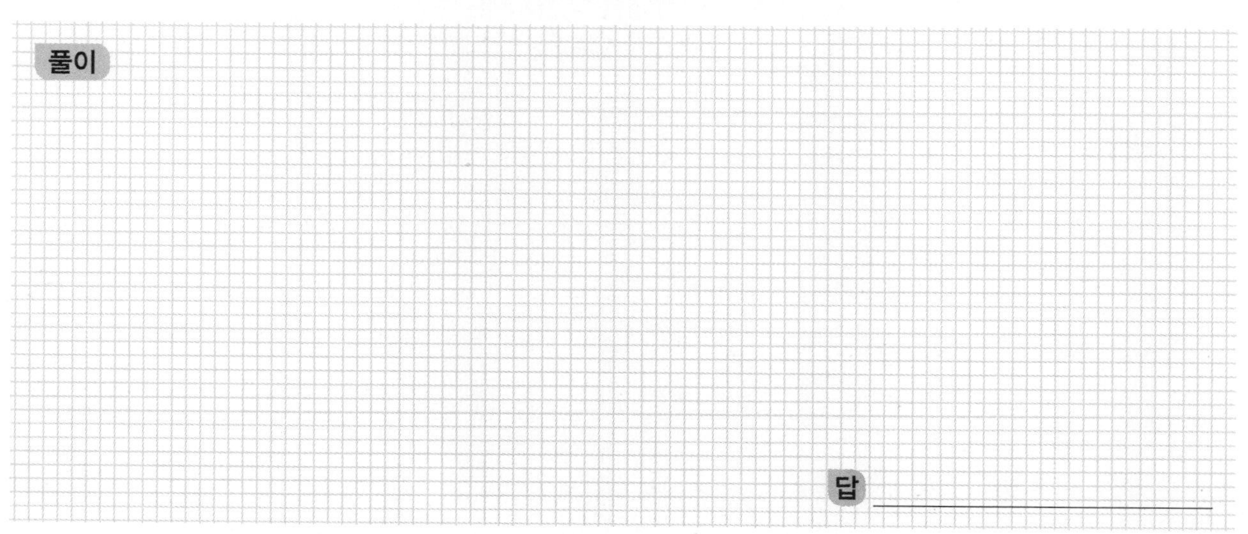

비교하기

물건을 크기나 양에 따라 구분하여 사용하는 것처럼 비교하기는 일상생활에서 익숙하게 사용하는 수학적 활동 중 하나예요. 생활 속에서 흔하게 경험할 수 있는 길이, 무게, 넓이, 들이의 개념을 이해하고 이를 비교하며 여러 가지 문제를 해결해 봐요.

이번 주에 나오는 어휘 & 지식백과

97쪽 **단독주택** (單 혼자 단, 獨 홀로 독, 住 살 주, 宅 집 택)
한 집씩 따로 지은 집

100쪽 **매트** (mat)
운동을 할 때 위험을 방지하기 위하여 바닥에 까는 물건

101쪽 **액세서리** (accessory)
몸을 꾸미는 데 쓰는 물건으로 팔찌, 목걸이, 반지, 귀고리, 브로치 등이 있다.

103쪽 **식기구** (食 밥 식, 器 그릇 기, 具 갖출 구)
음식을 먹기 위하여 사용하는 도구나 이를 돕는 도구를 말한다.
대표적인 것으로는 젓가락, 숟가락, 포크, 나이프, 접시, 찻잔 등이 있다.

103쪽 **암벽** (巖 바위 암, 壁 벽 벽)
깎아지른 듯 높이 솟은 벽 모양의 바위

103쪽 **클라이밍** (climbing)
사람이 만든 암벽 구조물을 손과 발을 사용하여 정상까지 오르는 경기

105쪽 **논**
물을 대어 주로 벼를 심어 가꾸는 땅

109쪽 **연** (鳶 솔개 연)
종이에 대나무 줄기를 가로, 세로로 붙여 실을 맨 다음 공중에 높이 날리는 장난감

문해력 기초 다지기

문장제에 적용하기

기초 문제가 어떻게 문장제가 되는지 알아봅니다.

1 더 긴 것에 ○표 하기

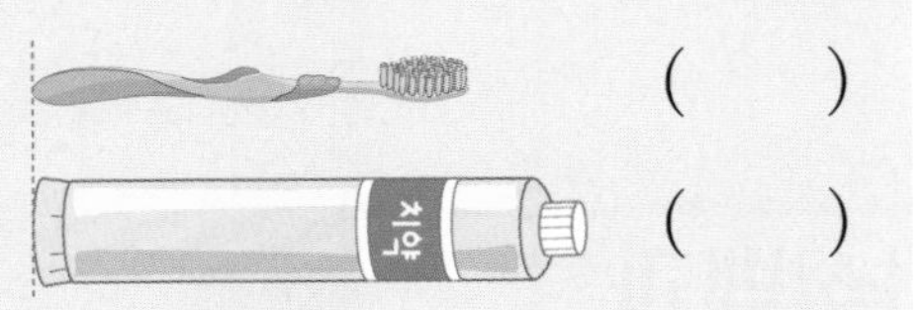

( )

( )

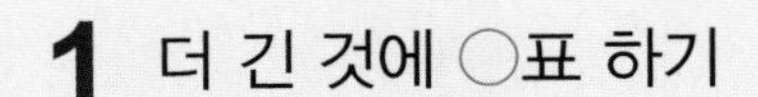

≫ **길이를 비교**하여 문장을 완성해 보세요.

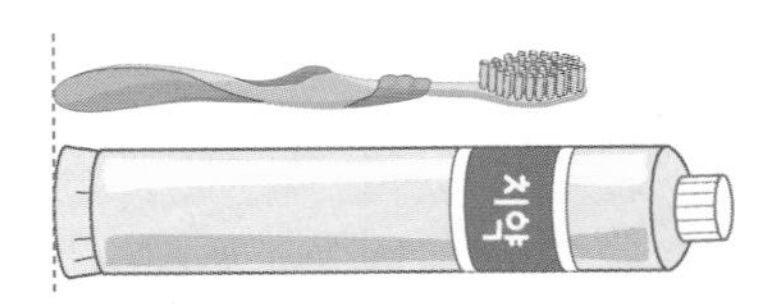

답 치약은 칫솔보다 더 ______

2 더 무거운 쪽에 ○표 하기

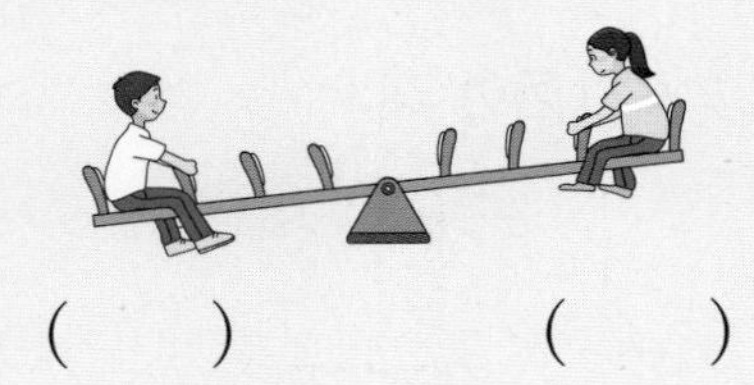

( ) ( )

≫ 서진이와 주희가 시소를 타고 있습니다.
더 무거운 사람의 이름을 쓰세요.

답 ______

3 더 좁은 것에 △표 하기

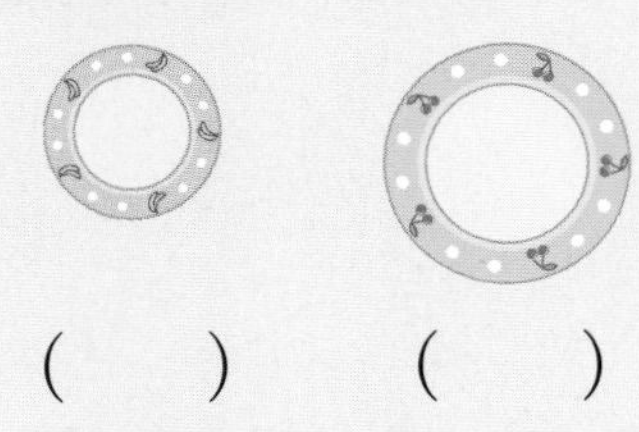

( ) ( )

≫ **더 좁은 접시**가 **위쪽**에 있도록 접시를 겹쳐 놓을 때
위쪽에 있는 접시의 기호를 쓰세요.

가  나 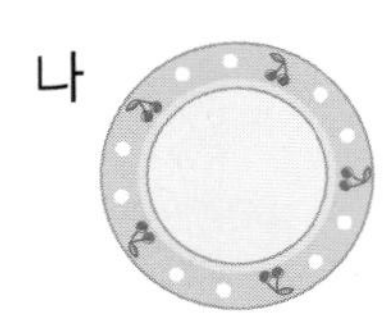

답 ______

4 담을 수 있는 양이 더 많은 그릇에 ○표 하기 ≫

(　　) (　　)

민주와 혜지가 그릇에 물을 담으려고 합니다.
물을 더 많이 담을 수 있는 사람의 이름을 쓰세요.

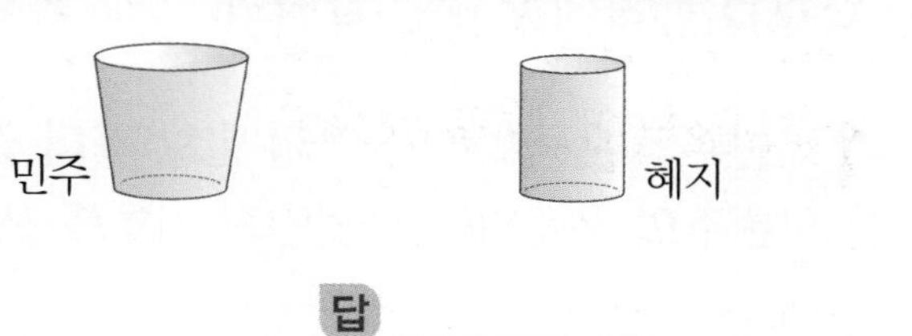

답 ________________

5 노란색 블록보다 더 높은 것에 ○표 하기 ≫

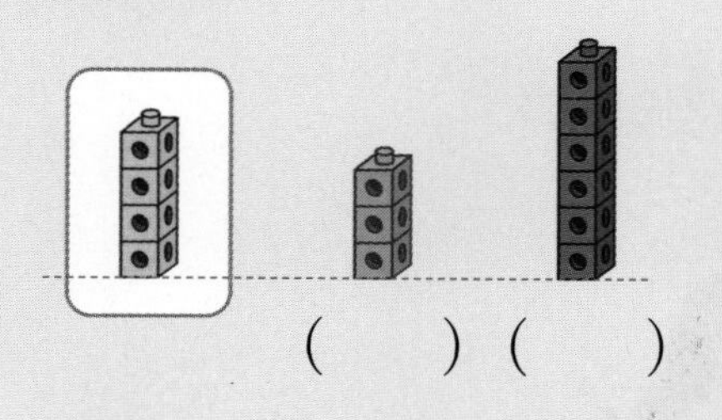

(　　) (　　)

주원이는 **빌딩보다 더 높은 건물**에 삽니다.
주원이가 사는 곳은 어디인가요?

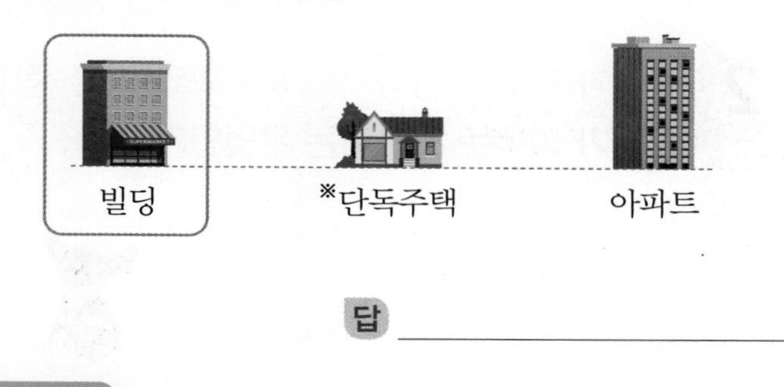

답 ________________

문해력 어휘
단독주택: 한 채씩 따로 지은 집

6 양동이보다 물을 더 많이 담을 수 있는 그릇에 ○표 하기 ≫

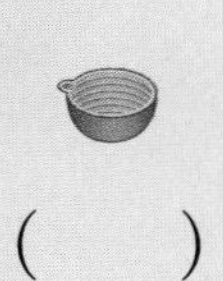

(　　) (　　)

양동이에 가득 담긴 물을
넘치지 않게 모두 옮겨 담을 수 있는 그릇은 무엇인가요?

대야

바가지

답 ________________

공부한 날 월 일

준비학습 문해력 기초 다지기

문장 읽고 문제 풀기

간단한 문장제를 풀어 봅니다.

1 현주의 운동화는 **선아의 발보다 더 깁니다.**
현주의 운동화는 무엇인지 기호를 쓰세요.

답 ______________

2 주아가 키우는 강아지는 치와와와 비글 중 **더 무거운** 것입니다.
주아가 키우는 강아지는 무엇인가요?

치와와

비글

출처: © Getty Images Bank

답 ______________

3 **주전자에 가득 담긴 물**을 모두 옮겨 담으면
커피 잔과 냉면 그릇 중 **흘러 넘치는 그릇**은 무엇인가요?

주전자

커피 잔

냉면 그릇

• 정답과 해설 18쪽

4 꽃밭에 세 가지 종류의 꽃을 심었습니다.
키가 가장 큰 꽃은 무엇인가요?

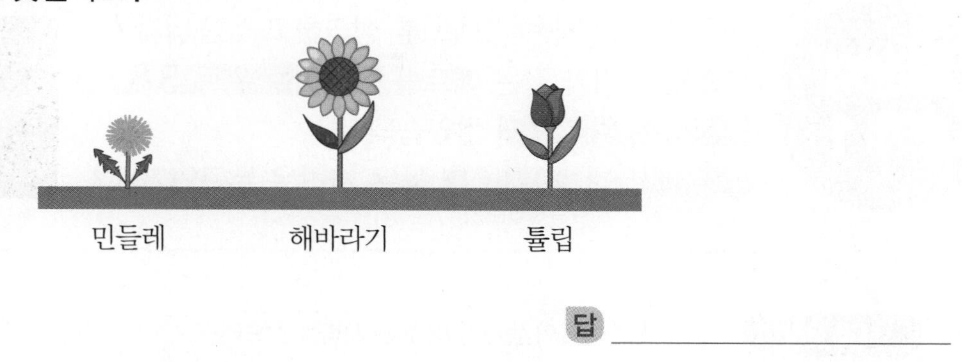

답 ____________________

5 연준이는 아빠와 함께 시장에서 **무**, **수박**, **오이**를 하나씩 샀습니다.
연준이가 **가장 가벼운 채소**를 들었다면 **연준이가 든 채소**는 무엇인가요?

답 ____________________

6 왼쪽 풍경 **사진을 끼울 수 있는 액자**를 찾아 기호를 쓰세요.

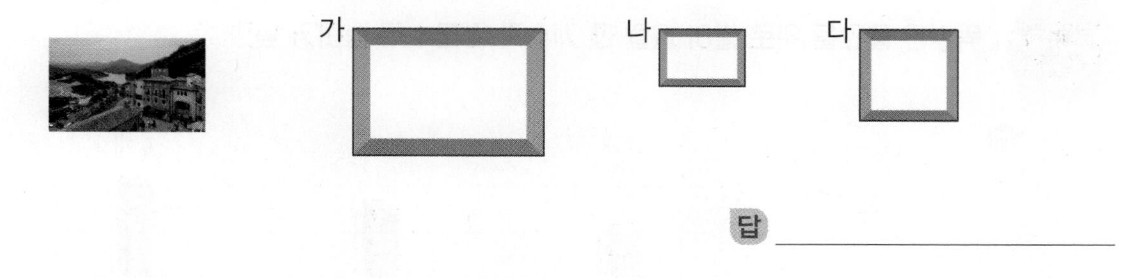

답 ____________________

1일

수학 문해력 기르기

관련 단원 비교하기

문해력 문제 1

체육 시간에 사용한※매트를 정리하고 있습니다./
모양과 크기가 같은 매트를 정현이는 위로 5개,/
민성이는 위로 7개 쌓았습니다./
쌓은 매트의 높이가/ 더 높은 사람은 누구인가요?
└ 구하려는 것

해결 전략

쌓은 매트의 높이가 더 높은 사람을 찾으려면

❶ 정현이와 민성이가 쌓은 매트의 수를 비교하여

❷ 쌓은 매트의 수가 더 (많은 , 적은) 사람을 찾는다.
└ 알맞은 말에 ○표 하기

문해력 어휘
매트: 운동을 할 때 위험을 방지하기 위하여 바닥에 까는 물건

문제 풀기

❶ 정현이가 쌓은 매트는 5개, 민성이가 쌓은 매트는 ☐개이므로

쌓은 매트가 더 많은 사람은 ☐이다.

❷ 쌓은 매트의 높이가 더 높은 사람은 ☐이다.

답 ____________

문해력 레벨업 똑같은 물건을 위로 쌓아 올릴 때 개수가 많을수록 높이가 높다.

예

쌓아올린 개수가 가장 적다. — 2개 — 높이가 가장 낮다.

3개

쌓아올린 개수가 가장 많다. — 4개 — 높이가 가장 높다.

• 정답과 해설 18쪽
복습책 31쪽에 유사, 심화문제 제공

쌍둥이 문제

1-1 모양과 크기가 같은 나무 블록을 현무는 위로 8개,/ 나래는 위로 4개 쌓았습니다./ 쌓은 나무 블록의 높이가/ 더 높은 사람은 누구인가요?

따라 풀기 ❶

❷

답

문해력 레벨 1

1-2 성현이는 모양과 크기가 같은/ 빨간색 블록 9개와 파란색 블록 6개를/ 색깔별로 모두 위로 쌓았습니다./ 쌓은 높이가 더 낮은 것은/ 어느 색 블록인가요?

스스로 풀기 ❶

❷

답

문해력 레벨 2

1-3 ※액세서리 가게에서 인터넷으로 주문 받은 팔찌, 목걸이, 반지를/ 모양과 크기가 같은 상자에 각각 1개씩 담았습니다./ 팔찌를 담은 상자는 위로 14개,/ 목걸이를 담은 상자는 위로 17개,/ 반지를 담은 상자는 위로 11개 쌓였습니다./ 팔찌, 목걸이, 반지 중/ 가장 많이 주문 받은 물건은 무엇인지 쓰세요.

스스로 풀기 ❶ 가장 높이 쌓은 상자를 구하자.

문해력 백과
액세서리: 몸을 꾸미는 데 쓰는 물건으로 팔찌, 목걸이, 반지 등이 있다.

❷ 가장 많이 주문 받은 물건을 구하자.

답

1일 수학 문해력 기르기

관련 단원 비교하기

문해력 문제 2

유미네 집 앞에 있는/
단풍나무는 소나무보다 키가 더 작고,/
소나무는 은행나무보다 키가 더 작았습니다./
세 나무 중에서 키가 가장 큰 나무는 무엇인가요?
└ 구하려는 것

해결 전략

세 나무의 키를 비교하려면

❶ 소나무를 기준으로 둘씩 비교하여
소나무보다 키가 더 작은 나무와 키가 더 큰 나무를 각각 구한 후,

키가 가장 큰 나무를 찾으려면

❷ 키가 큰 나무부터 차례로 써서 구한다.

문제 풀기

❶ 문제의 조건을 그림으로 나타내기

☐ 나무 소나무 ☐ 나무

❷ 키가 가장 큰 나무는 ☐ 나무이다.

답 ____________

문해력 레벨업 기준을 정해 둘씩 비교하자.

비교하여 설명하는 문장에서 중복되는 것을 기준으로 정해 둘씩 비교하여 그림을 그린다.

예

서준 민재 현서

쌍둥이 문제

2-1 놀이터에 있는 철봉은 미끄럼틀보다 더 낮고,/ 미끄럼틀은 그네보다 더 낮습니다./ 철봉, 미끄럼틀, 그네 중에서/ 가장 높은 것은 무엇인가요?

따라 풀기 ❶

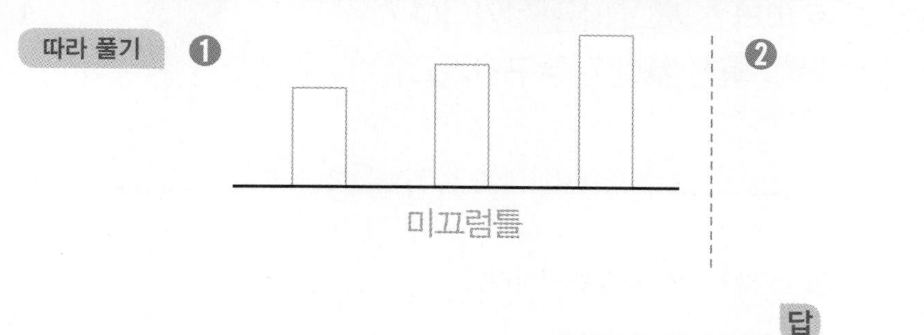

❷

답 ______________

문해력 레벨 1

2-2 건우와 서아가 식탁에 놓여있는※식기구의 길이를 비교하여 설명하고 있습니다./ 포크, 젓가락, 숟가락 중에서/ 길이가 가장 짧은 것은 무엇인가요?

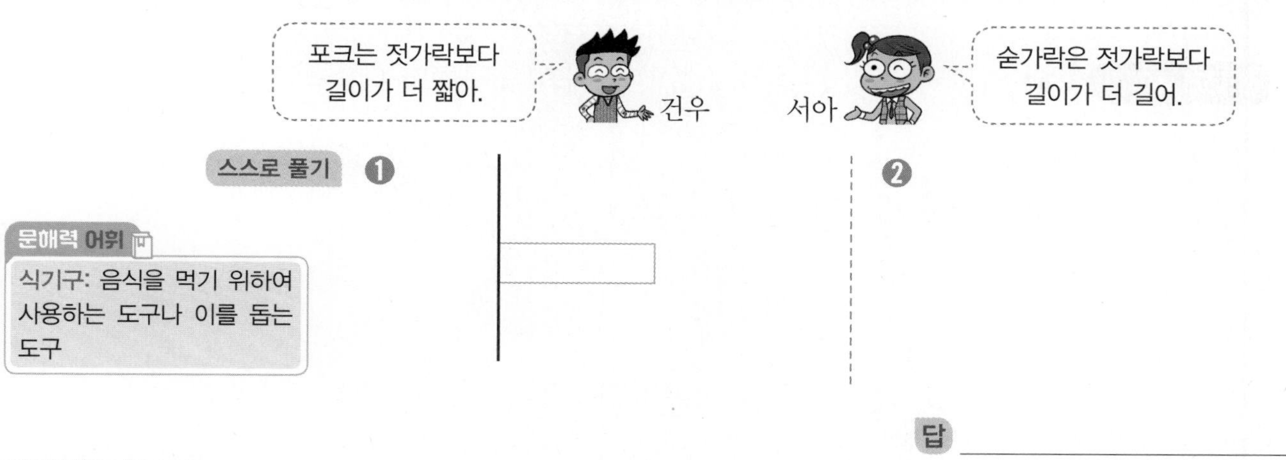

스스로 풀기 ❶ ❷

문해력 어휘
식기구: 음식을 먹기 위하여 사용하는 도구나 이를 돕는 도구

답 ______________

문해력 레벨 2

2-3 연우, 민기, 주원이가※암벽을 오르는※클라이밍 운동을 하고 있습니다./ 연우는 민기와 주원이보다 더 낮은 곳에 있고,/ 민기는 주원이보다 더 낮은 곳에 있습니다./ 연우, 민기, 주원이 중에서/ 가장 높은 곳에 있는 사람은 누구인지 구하세요.

출처: © Getty Images Korea

스스로 풀기

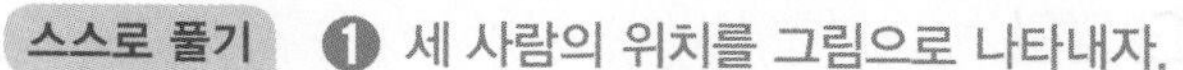
❶ 세 사람의 위치를 그림으로 나타내자.

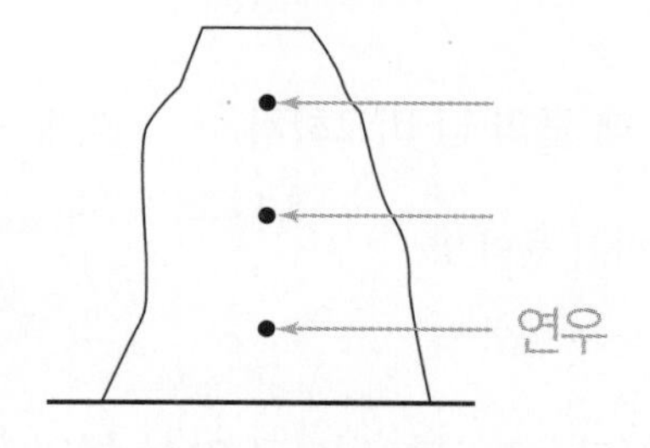

문해력 어휘
암벽: 깎아지른 듯 높이 솟은 벽 모양의 바위
클라이밍: 사람이 만든 암벽 구조물을 손과 발을 사용하여 정상까지 오르는 경기

❷ 가장 높은 곳에 있는 사람을 구하자.

답 ______________

2일 수학 문해력 기르기

관련 단원 비교하기

문해력 문제 3

오른쪽 그림은 석구와 주아가 똑같은 컵에/ 주스를 가득 따라 마시고 남은 것입니다./ 주스를 더 많이 마신 사람은 누구인가요?
└ 구하려는 것

석구　　주아

해결 전략

주스를 더 많이 마신 사람을 구하려면

❶ 남은 주스의 양을 비교한 후

❷ 남은 주스의 양이 더 (적은 , 많은) 사람을 찾는다.

문해력 주의
남은 주스의 양이 더 많은 사람을 구하지 않도록 주의한다.

문제 풀기

❶ 남은 주스의 양을 비교하면 주아가 석구보다 더 (적다 , 많다).

❷ 주스를 더 많이 마신 사람은 [　　　] 이다.

답 ______________

문해력 레벨업 남은 양이 적을수록 마신 양이 더 많다.

예 똑같은 컵에 물을 가득 따라 마셨을 때 물의 양 비교하기

가

나

• 가는 나보다 남은 물의 양이 더 적다. ➔ 가는 나보다 마신 물의 양이 더 많다.
• 나는 가보다 남은 물의 양이 더 많다. ➔ 나는 가보다 마신 물의 양이 더 적다.

• 정답과 해설 19쪽
복습책 33쪽에 유사, 심화문제 제공

쌍둥이 문제

3-1 오른쪽 그림은 수연이와 연중이가 똑같은 컵에/ 보리차를 가득 따라 마시고 남은 것입니다./ 보리차를 더 많이 마신 사람은 누구인가요?

따라 풀기 ❶

❷

답

문해력 레벨 1

3-2 성현이와 종국이가 각자 똑같은 컵에/ 우유를 가득 따라 마시고 남은 양을 비교하니/ 종국이가 마신 컵에 남은 우유가 더 많았습니다./ 우유를 더 많이 마신 사람은 누구인가요?

스스로 풀기 ❶

❷

답

문해력 레벨 2

3-3 혜수, 효진, 민아가 똑같은 그릇에/ 물을 가득 채워※논으로 옮기고 있습니다./ 논에 도착했을 때/ 그릇에 남은 물의 양이 다음과 같았습니다./ 물을 적게 흘린 사람부터 순서대로 이름을 쓰세요.

효진

스스로 풀기 ❶ 그릇에 남은 물의 양을 비교하자.

문해력 어휘
논: 물을 대어 주로 벼를 심어 가꾸는 땅

❷ 물을 적게 흘린 사람부터 순서대로 이름을 쓰자.

답

공부한 날 월 일

2일

수학 문해력 기르기

관련 단원 비교하기

문해력 문제 4

똑같은 그릇에 물을 가득 담아/
㉠ 항아리에 7번 붓고,/
㉡ 항아리에 10번 부었더니/
각각의 항아리에 물이 가득 찼습니다./
물을 더 많이 담을 수 있는 항아리는 어느 것인가요?
└ 구하려는 것

해결 전략

물을 더 많이 담을 수 있는 항아리를 찾으려면

❶ 그릇으로 물을 부은 횟수를 비교하여

❷ 물을 부은 횟수가 더 (많은 , 적은) 항아리를 찾는다.

문제 풀기

❶ ㉠ 항아리에 ☐번, ㉡ 항아리에 ☐번 부었으므로

물을 부은 횟수가 더 많은 항아리는 ☐ 항아리이다.

❷ 물을 더 많이 담을 수 있는 항아리는 ☐ 항아리이다.

답 ____________

문해력 레벨업 물을 채우는 컵의 크기가 같을 때와 다를 때로 나눠서 알아보자.

똑같은 크기의 컵
서로 다른 크기의 그릇

물을 가득 채울 때

컵으로 부은 횟수가 더 많은 그릇이 담을 수 있는 양이 더 많다.

서로 다른 크기의 컵
똑같은 크기의 그릇

물을 가득 채울 때

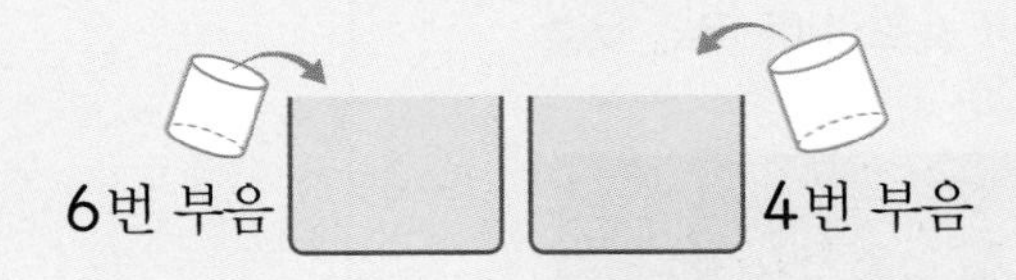

컵으로 부은 횟수가 더 적은 컵이 담을 수 있는 양이 더 많다.

쌍둥이 문제

4-1 똑같은 컵에 물을 가득 담아/ ㉠ 물병에 6번 붓고,/ ㉡ 물병에 4번 부었더니/ 각각의 물병에 물이 가득 찼습니다./ 물을 더 많이 담을 수 있는 물병은 어느 것인가요?

따라 풀기 ❶

❷

답 ____________

문해력 레벨 1

4-2 욕조와 대야에 가득 들어 있는 물을/ 똑같은 바가지로 모두 퍼냈습니다./ 욕조는 바가지로 가득 담아 9번 퍼냈고,/ 대야는 바가지로 가득 담아 5번 퍼냈습니다./ 욕조와 대야 중에서/ 물을 더 많이 담을 수 있는 것은 무엇인가요?

스스로 풀기 ❶

❷

답 ____________

문해력 레벨 2

4-3 양동이와 주전자에 물을 가득 담아/ 똑같은 어항에 물을 가득 채우려고 합니다./ 양동이로 8번,/ 주전자로 12번 부었더니/ 각각의 어항에 물이 가득 찼습니다./ 양동이와 주전자 중에서/ 담을 수 있는 양이 더 많은 것은 무엇인가요?

스스로 풀기 ❶ 물을 부은 횟수를 비교하자.

물을 부은 횟수가 더 적은 것이 담을 수 있는 양이 더 많은 거야.

❷ 양동이와 주전자 중에서 담을 수 있는 양이 더 많은 것을 구하자.

답 ____________

수학 문해력 기르기

관련 단원 비교하기

문해력 문제 5

가, 나, 다 세 개의 벽에 모양과 크기가 같은 색※타일을 붙였습니다./
벽의 전체 크기가 같을 때/
노란색 부분이 가장 넓은 벽은 어느 것인가요?
└ 구하려는 것

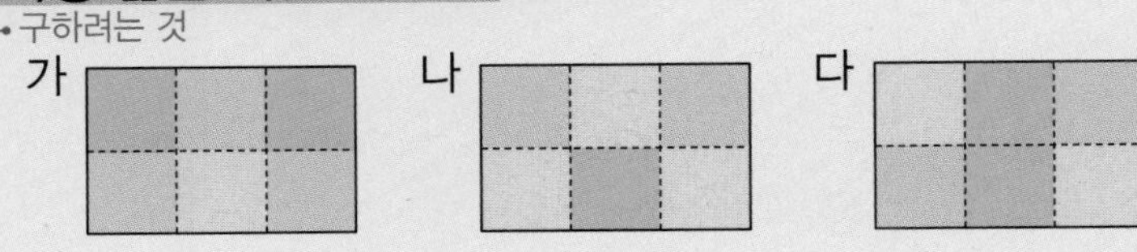

해결 전략

노란색 부분이 가장 넓은 벽을 찾으려면

❶ 노란색이 차지하는 칸의 개수를 세어

❷ 칸이 가장 (적은 , 많은) 쪽을 찾는다.

문해력 백과

타일: 점토를 구워서 만든 겉이 반들반들한 얇고 작은 도자기 판으로 벽, 바닥에 붙여 장식하는 데 쓴다.

문제 풀기

❶ 노란색 부분은 가: 1칸, 나: ☐칸, 다: ☐칸이다.

❷ 1, 3, 2 중에서 가장 큰 수는 ☐이므로

노란색 부분이 가장 넓은 벽은 ☐이다.

답 ________

문해력 레벨업

똑같은 크기의 칸수가 많을수록 넓이가 넓다.

예 크기가 같은 종이를 똑같이 나누었을 때 가장 많이 색칠한 것 찾기

가 나 다

색칠한 칸이 가: 3칸, 나: 6칸, 다: 4칸이다.

➜ 3, 6, 4 중에서 가장 큰 수는 6이므로 가장 많이 색칠한 것은 나이다.

• 정답과 해설 20쪽

복습책 35쪽에 유사, 심화문제 제공

쌍둥이 문제

5-1 가, 나, 다 세 개의※연의 전체 크기와 나뉜 부분의 크기가 각각 같을 때/ 파란색 부분이 가장 넓은 연은 어느 것인가요?

문해력 어휘

연: 종이에 대나무 줄기를 가로, 세로로 붙여 실을 맨 다음 공중에 높이 날리는 장난감

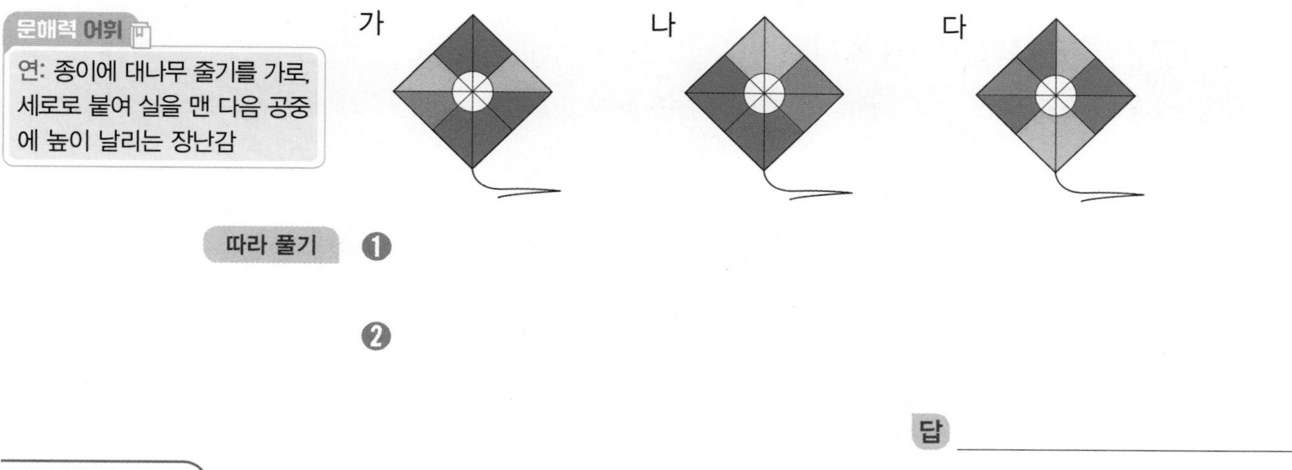

따라 풀기 ❶

❷

답 ____________

문해력 레벨 1

5-2 작은 한 칸의 크기가 모두 같은/ 가, 나, 다 세 화단이 있습니다./ 색칠한 부분에 각각 꽃을 심었을 때/ 꽃을 심은 부분이 가장 넓은 화단을 찾아 기호를 쓰세요.

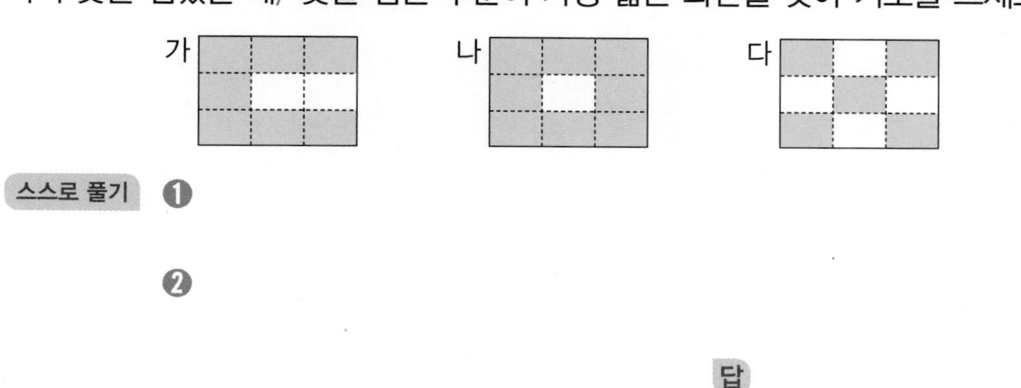

스스로 풀기 ❶

❷

답 ____________

문해력 레벨 2

5-3 작은 한 칸의 크기가 모두 같은/ 가, 나, 다 세 밭이 있습니다./ 가는 4칸을 남겨놓고,/ 나는 2칸을 남겨놓고,/ 다는 3칸을 남겨놓고/ 모두 콩을 심었습니다./ 콩을 심은 부분이/ 가장 넓은 밭을 찾아 기호를 쓰세요.

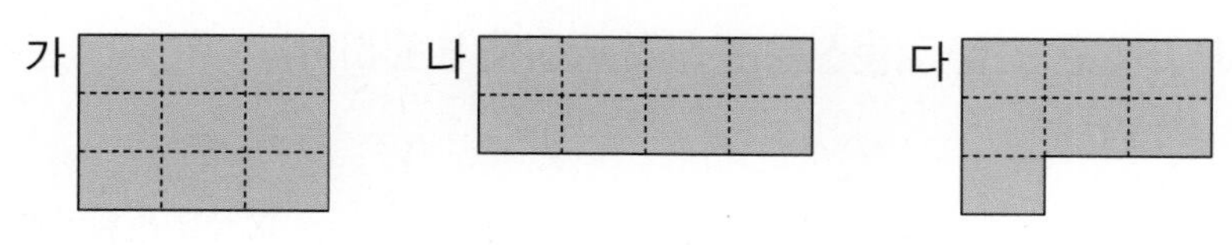

스스로 풀기 ❶ 콩을 심은 부분이 각각 몇 칸인지 구하자.

❷ 콩을 심은 부분이 가장 넓은 밭을 구하자.

답 ____________

공부한 날 월 일

3일

수학 문해력 기르기

관련 단원 비교하기

문해력 문제 6

달리기 경경기에서 1등, 2등, 3등을 한 선수들이/
시상대에 올라갔습니다./
머리끝의 위치가 같다면/
키가 가장 큰 선수는 몇 등인지 쓰세요.
└ 구하려는 것

해결 전략

머리끝의 위치가 같으므로

❶ 머리끝을 기준선으로 하여 발끝까지의 길이를 비교한 후

❷ 키가 가장 큰 선수를 찾는다.

문제 풀기

❶ 머리끝에 기준선을 그어 발끝까지의 길이 비교하기

머리끝을 기준선으로 하여 발끝까지의 길이를 비교하면 ☐등, 2등, ☐등의 순서대로 길이가 길다.

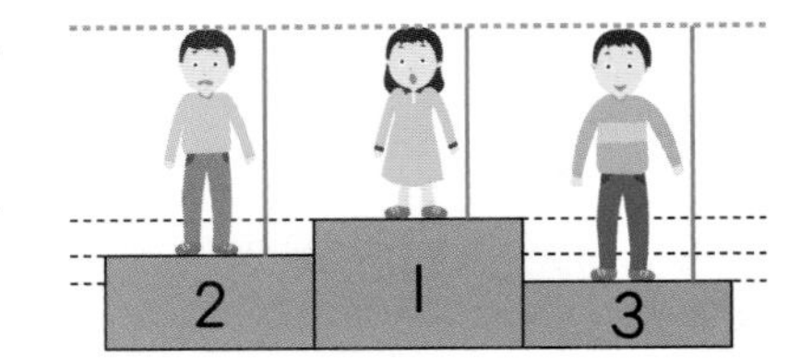

❷ 키가 가장 큰 선수는 ☐등이다.

답 ____________

문해력 레벨업 위치가 같은 것을 기준선으로 하여 길이를 비교하자.

발끝의 위치가 같은 경우

발끝을 기준선으로 하여
머리끝까지의 길이가 길수록 키가 더 크다.

예

더 작다. 더 크다.

머리끝의 위치가 같은 경우

머리끝을 기준선으로 하여
발끝까지의 길이가 길수록 키가 더 크다.

예

더 작다. 더 크다.

• 정답과 해설 20쪽
복습책 36쪽에 유사, 심화문제 제공

쌍둥이 문제

6-1 오른쪽은 전자제품 가게에서/ 세탁기, 에어컨, 청소기를 전시해 놓은 것입니다./ 전자제품 위쪽 끝의 위치가 같다면/ 높이가 가장 높은 제품은 무엇인지 쓰세요.

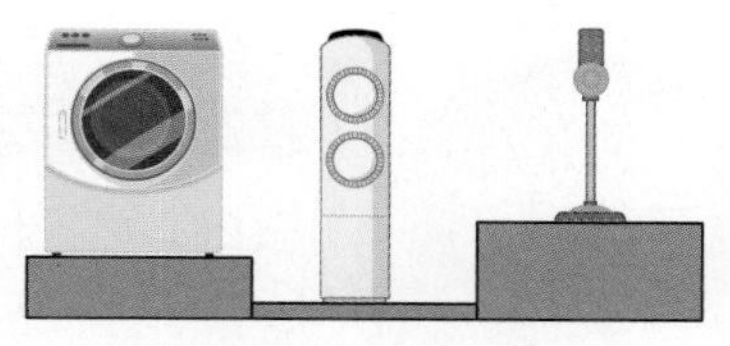

따라 풀기 ❶

❷

답 ____________

문해력 레벨 1

6-2 친구들이 높이가 같은 철봉에 나란히 매달려 있습니다./ 머리끝의 위치가 같다면/ 키가 둘째로 큰 친구는 누구인지 이름을 쓰세요.

스스로 풀기 ❶

❷

답 ____________

문해력 레벨 2

6-3 길이가 같은 막대 3개를/ 강물의 바닥에 닿도록 세웠습니다./ 그림에서 강물의 바닥이 가장 깊은 곳을 찾아 기호를 쓰세요.

가 나 다

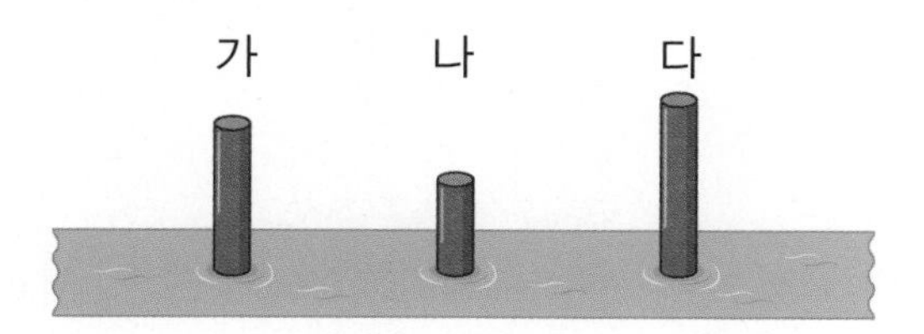

스스로 풀기 ❶ 강물의 바닥이 깊을수록 물 위에 보이는 막대의 길이는 어떨지 생각해 보자.

강물의 바닥이 깊으면 물 속에 들어간 막대의 길이가 길어.

❷ 강물의 바닥이 가장 깊은 곳을 찾자.

답 ____________

수학 문해력 기르기

관련 단원 비교하기

문해력 문제 7

크레파스 4자루와 붓 6자루의 무게가 같습니다./
크레파스와 붓은 각각 무게가 같을 때/
크레파스와 붓 중에서/ 1자루의 무게가 더 무거운 것은 무엇인가요?
└ 구하려는 것

해결 전략

크레파스 4자루와 붓 6자루의 무게가 같으니까

❶ 개수가 더 많은 붓을 빼어 개수를 같게 만들고

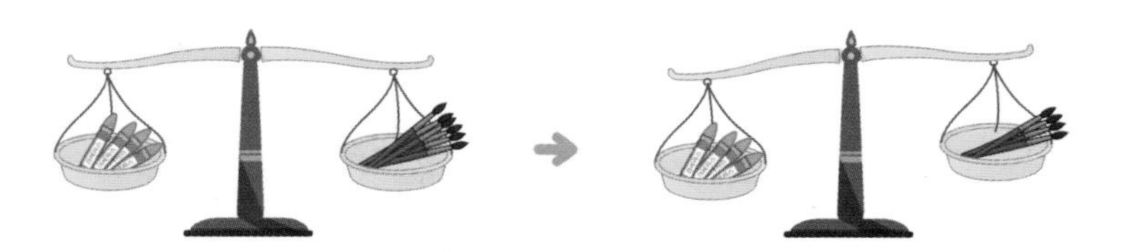

빼낸 쪽의 무게가 가벼워지는 것을 이용해서

❷ 크레파스 4자루와 붓 4자루의 무게를 비교한 후

4자루의 무게가 더 무거우면 1자루의 무게도 더 무거운 것을 이용해서

❸ 크레파스 1자루와 붓 1자루의 무게를 비교한다.

문제 풀기

❶ 붓 2자루를 빼서 크레파스와 붓이 각각 ☐자루씩 되게 만들면

❷ (크레파스 4자루 , 붓 4자루)가 더 무거우므로

❸ (크레파스 1자루 , 붓 1자루)가 더 무겁다.

답 ________________

문해력 레벨업 개수가 다르지만 무게가 같은 경우 양쪽의 개수를 같게 만들어 1개의 무게를 비교하자.

예

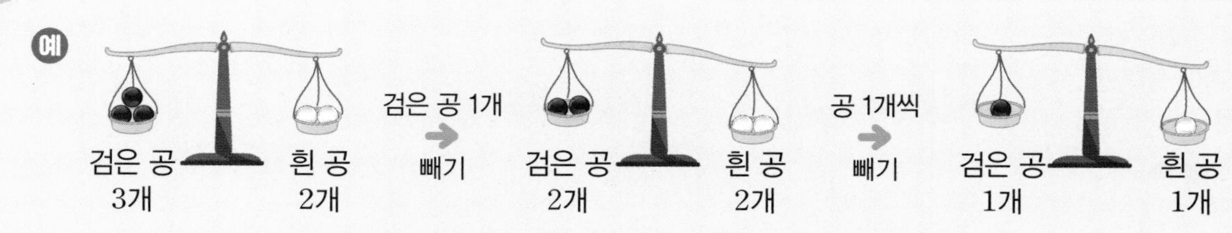

➔ 무게가 같은 경우 개수가 적었던 흰 공 1개의 무게가 더 무겁다.

• 정답과 해설 20쪽

복습책 37쪽에 유사, 심화문제 제공

쌍둥이 문제

7-1

가위 3개와 자 5개의 무게가 같습니다./ 가위와 자는 각각 무게가 같을 때/ 가위와 자 중에서/ 1개의 무게가 더 무거운 것은 무엇인가요?

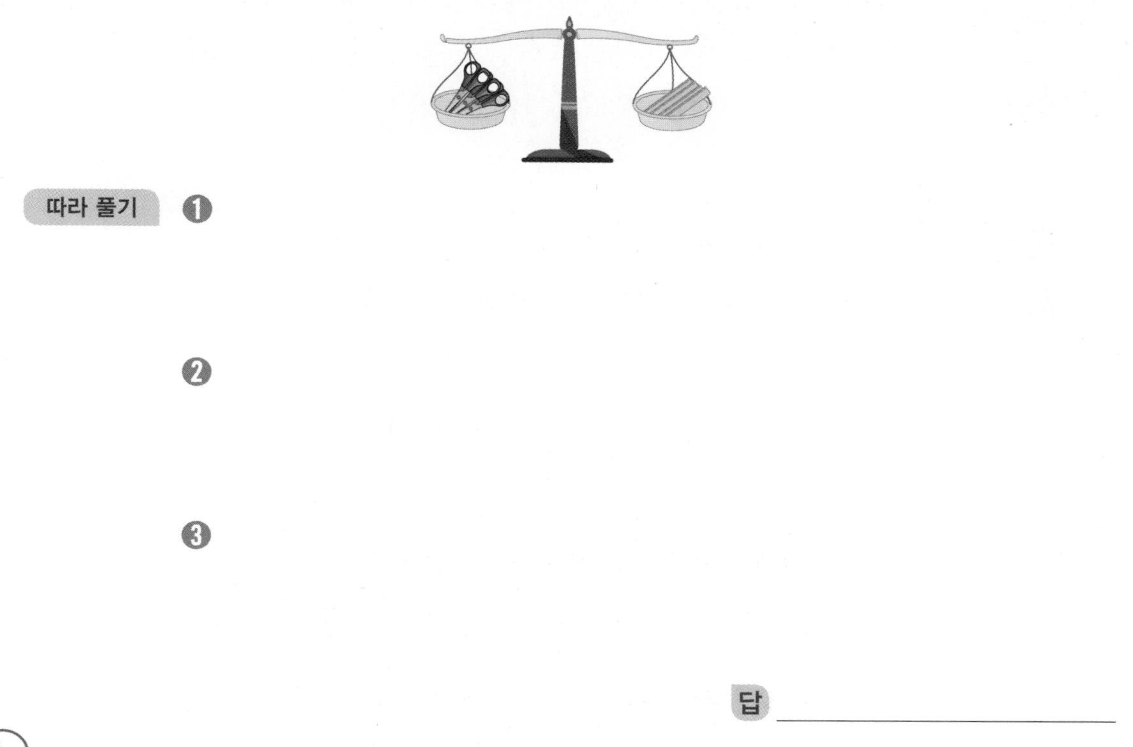

따라 풀기 ❶

❷

❸

답 ______________

문해력 레벨 1

7-2

가와 나 필통에 무게가 같은 연필을 그림과 같이 넣었더니/ 두 필통의 무게가 같았습니다./ 연필을 모두 꺼냈을 때/ 더 무거운 필통의 기호를 쓰세요.

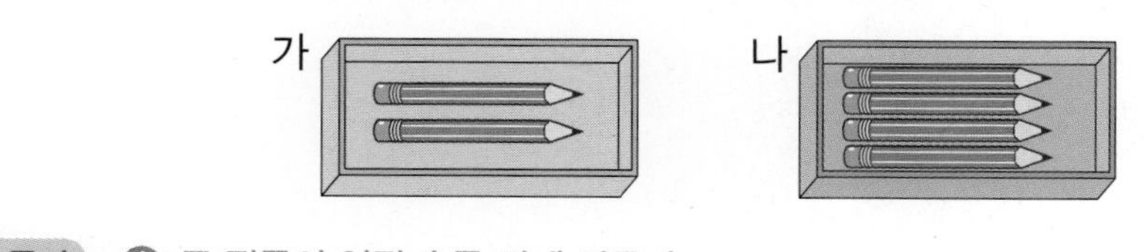

스스로 풀기 ❶ 두 필통의 연필 수를 같게 만들자.

❷ 위 ❶에서 연필 수를 같게 만든 두 필통의 무게를 비교하자.

❸ 연필을 모두 꺼냈을 때 더 무거운 필통을 찾자.

답 ______________

일 수학 문해력 기르기

관련 단원 비교하기

문해력 문제 8

크기가 다른/ 세 그릇에 담긴 물의 높이가 모두 같습니다./
물이 가장 많이 들어 있는 그릇을 찾아 기호를 쓰세요.
└ 구하려는 것

가  나 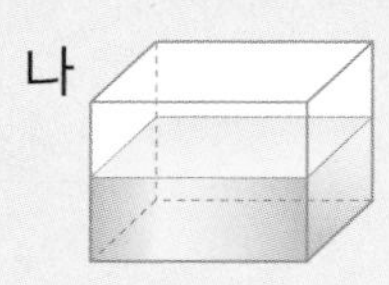 다 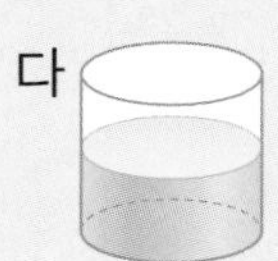

해결 전략

❶ 세 그릇의 크기를 비교하고

물이 가장 많이 들어 있는 그릇을 찾으려면

❷ 물의 높이가 같으므로
그릇의 크기가 가장 (큰 , 작은) 것을 찾는다.

문제 풀기

❶ 그릇의 크기가 큰 것부터 순서대로 쓰면

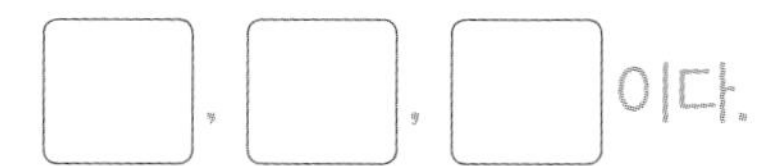
, , 이다.

❷ 물의 높이가 같으므로 물이 가장 많이 들어 있는 그릇은 ☐ 이다.

답 

문해력 레벨업 그릇의 크기에 따라 물의 양을 비교하는 방법을 알아보자.

그릇의 크기가 같을 때

물의 높이가 높을수록 물이 더 많이 들어 있다.

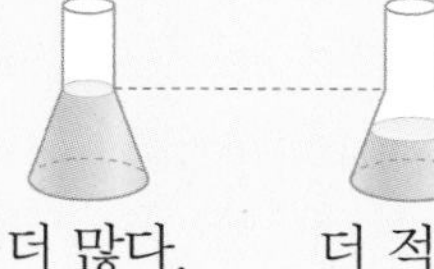

그릇의 크기가 다를 때

물의 높이가 같으면 그릇의 크기가 클수록 물이 더 많이 들어 있다.

• 정답과 해설 21쪽
복습책 38쪽에 유사, 심화문제 제공

쌍둥이 문제

8-1 크기가 다른/ 세 그릇에 담긴 물의 높이가 모두 같습니다./ 물이 가장 많이 들어 있는 그릇을 찾아 기호를 쓰세요.

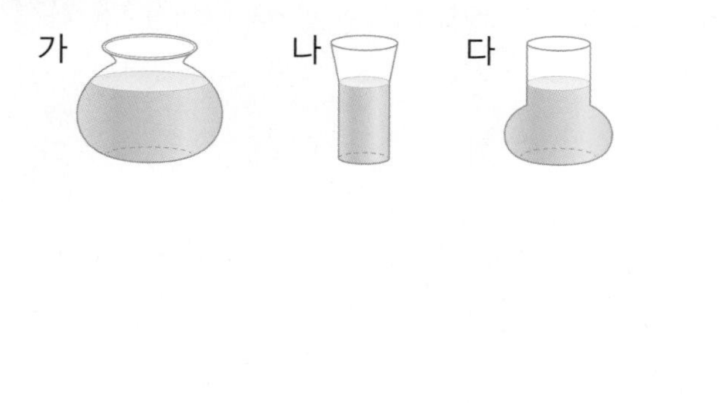

따라 풀기 ❶

❷

답

문해력 레벨 1

8-2 가와 나는 물의 높이가 같고,/ 나와 다는 그릇의 크기가 같습니다./ 물이 가장 많이 들어 있는 그릇을 찾아 기호를 쓰세요.

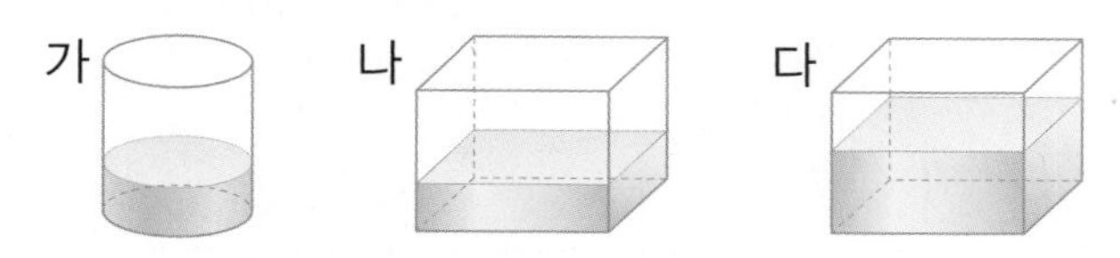

스스로 풀기 ❶ 물의 높이와 그릇의 크기를 보고 물의 양을 비교하자.

❷ 물이 가장 많이 들어 있는 그릇을 찾자.

답

문해력 레벨 2

8-3 똑같은 주전자에 가득 담긴 물을/ 크기가 다른 빈 컵에/ 그림과 같이 물의 높이가 같도록 부었습니다./ 주전자에 남은 물의 양이 더 많은 것의 기호를 쓰세요.

스스로 풀기 ❶ 컵에 부은 물의 양을 비교하자.

컵에 부은 물의 양이 적을수록 주전자에 남은 물의 양이 많아.

❷ 주전자에 남은 물의 양이 더 많은 것을 구하자.

답

5일 수학 문해력 완성하기

관련 단원 비교하기

기출 1 모양과 크기가 같은 병에 물을 담아 막대로 두드리면/ 물이 적게 담길수록 높은 소리가 납니다./ 막대로 병을 두드렸을 때 가장 높은 소리가 나는 병을 찾아 기호를 쓰세요.

가 나 다 라

해결 전략

높은 소리가 나는 병 ➔ 물이 적게 담긴 병 ➔ 물의 높이가 낮은 병

※18년 상반기 18번 기출 유형

문제 풀기

❶ 문제를 간단히 바꾸기

가장 높은 소리가 나는 병을 찾아 기호를 쓰세요.
➔ 물이 가장 (많이 , 적게) 담긴 병을 찾아 기호를 쓰세요.
➔ 물의 높이가 가장 (높은 , 낮은) 병을 찾아 기호를 쓰세요.

❷ 물의 높이가 낮은 병부터 순서대로 기호를 쓰기

물의 높이가 낮은 병부터 순서대로 기호를 쓰면 ☐, ☐, ☐, ☐이다.

❸ 막대로 병을 두드렸을 때 가장 높은 소리가 나는 병 찾기

물의 높이가 (높을 , 낮을)수록 높은 소리가 나므로 가장 높은 소리가 나는 병은 ☐이다.

답 ____________

관련 단원 비교하기

기출 2 ㅣ번부터 5번까지의 번호가 적힌 막대 5개가 있습니다./ 막대의 길이가 다음과 같을 때/ 가장 짧은 막대에 적힌 번호를 구하세요.

- 2번 막대보다 긴 막대와 짧은 막대의 개수는 같습니다.
- 5번 막대는 2번 막대보다 길고 3번 막대보다 짧습니다.
- ㅣ번 막대는 2번 막대보다 짧고 4번 막대보다 깁니다.

해결 전략

예 파란색 막대는 노란색 막대보다 짧고, 빨간색 막대보다 깁니다.

➜ (짧다) ←-------→ (길다)

빨간색 막대 − 파란색 막대 − 노란색 막대

※21년 상반기 22번 기출 유형

문제 풀기

❶ 왼쪽부터 짧은 막대를 놓을 때 첫 번째 내용에 알맞은 막대의 위치를 찾아 번호 쓰기

2번 막대보다 긴 막대와 짧은 막대의 개수는 같으므로 2번 막대의 위치에 번호를 쓰면

☐ ☐ ☐ ☐ ☐ 이다.

❷ 왼쪽부터 짧은 막대를 놓을 때 두 번째 내용에 알맞은 막대의 위치를 찾아 번호 쓰기

5번 막대는 2번 막대보다 길고 3번 막대보다 짧으므로 5번과 3번 막대의 위치에 번호를 쓰면 ☐ ☐ 2 ☐ ☐ 이다.

❸ 세 번째 내용에 알맞은 막대의 위치를 찾고, 가장 짧은 막대에 적힌 번호 구하기

1번 막대는 2번 막대보다 짧고 4번 막대보다 길므로 1번과 4번 막대의 위치에 번호를 쓰면

☐ ☐ 2 5 3 이다.

➜ 가장 짧은 막대에 적힌 번호는 ☐ 번이다.

답 ______

공부한 날 월 일

5일

수학 문해력 완성하기

관련 단원 비교하기

창의 3 물이 담긴 비커에 추 한 개를 넣었더니/ 물의 높이가 |보기|와 같이 높아졌습니다./ |보기|와 똑같은 크기의 비커 가와 나에 각각 물이 들어 있고,/ 나에 |보기|와 똑같은 추 2개를 넣었을 때 물의 높이가 다음과 같았습니다./ 비커 가와 나 중 물이 더 많이 들어 있는 비커의 기호를 쓰세요.

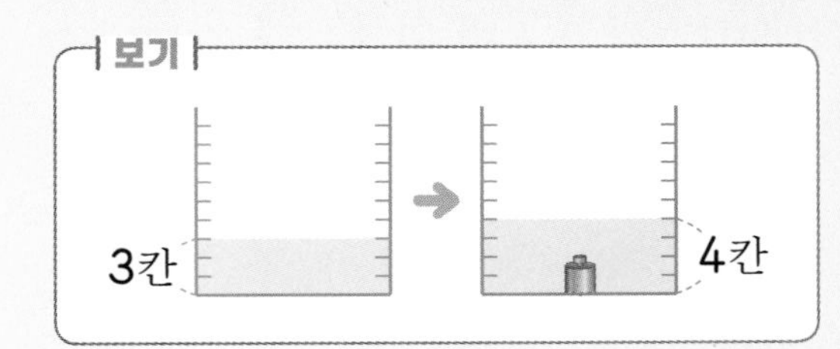

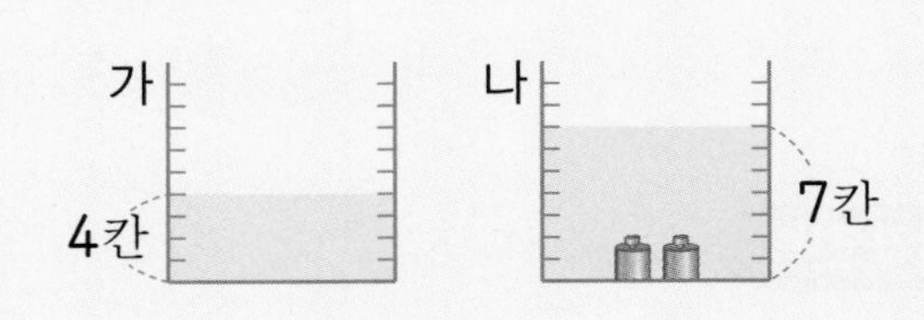

해결 전략

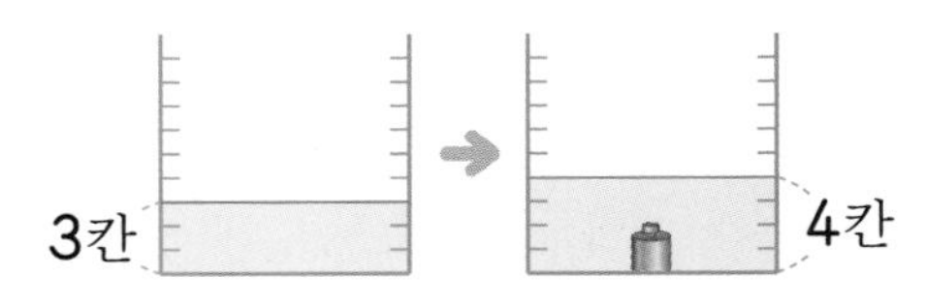

추 한 개를 넣었더니 물의 높이가
비커의 눈금 **3**칸에서 **4**칸으로 높아졌다.

문제 풀기

❶ 추 한 개를 넣으면 물의 높이가 몇 칸 높아지는지 구하기

추 한 개를 넣으면 비커의 눈금이 4−3=☐(칸) 높아진다.

❷ 비커 나에서 추를 모두 빼어 물의 높이가 몇 칸인지 구하기

추 2개를 빼면 눈금이 ☐칸 낮아진다.

➔ (비커 나에 들어 있는 물의 높이)=7−☐=☐(칸)

❸ 비커 가와 나 중 물이 더 많이 들어 있는 비커 구하기

답 ________

관련 단원 비교하기

융합 4 바느질은 바늘에 실을 꿰어 천 사이를 왔다갔다하며 꿰매는 것입니다./ 그림과 같은 방법으로 ①번부터 ⑤번까지 번호 순서를 따라 바느질을 할 때/ 빨간색 실과 초록색 실 중 시작점에서 끝점까지 사용한 실의 길이가 더 긴 것은 어느 색 실인가요?

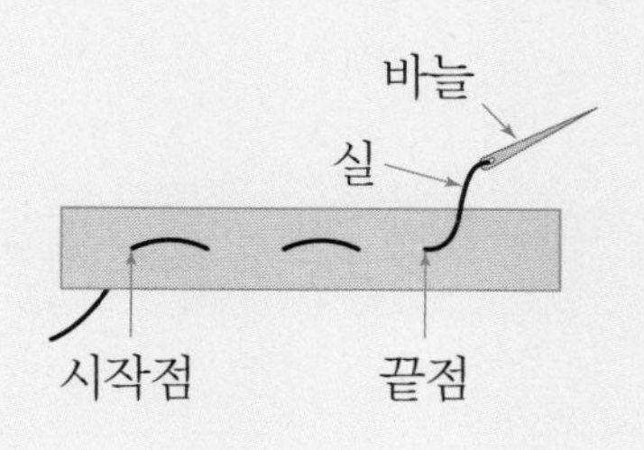

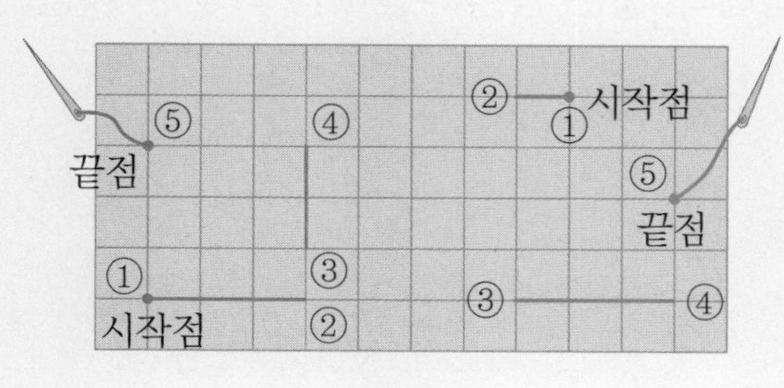

해결 전략

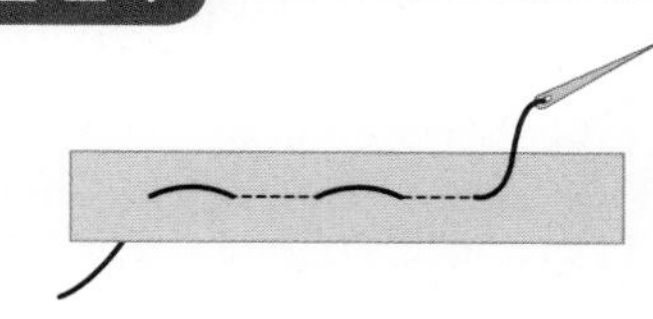

바늘이 천의 뒷면을 지나간 곳을 점선(------)으로 그려 실이 지나간 자리를 확인하고, 시작점에서 끝점까지 사용한 실의 길이를 구한다.

문제 풀기

❶ 번호 순서를 따라 실이 천의 뒷면을 지나간 자리를 점선으로 그려 보기

• 빨간색 실: 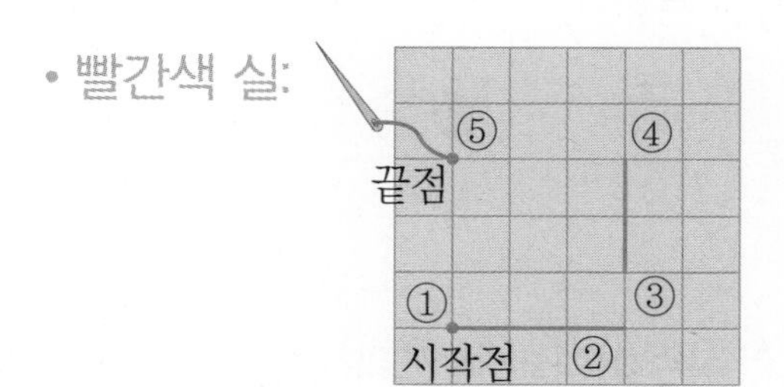

• 초록색 실: 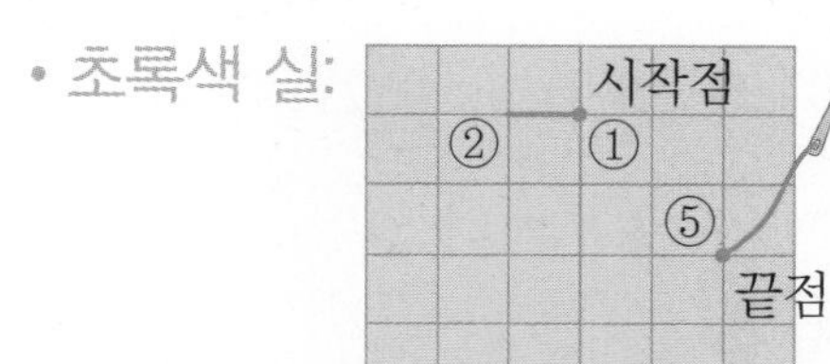

❷ 천의 앞면과 뒷면에서 실이 지나간 자리(▭)의 수를 세어 보기

빨간색 실 ▭: ☐개, 초록색 실 ▭: ☐개

❸ 시작점에서 끝점까지 사용한 실의 길이가 더 긴 것 구하기

답 ________

수학 문해력 평가하기

문제를 읽고 조건을 표시하면서 풀어 봅니다.

100쪽 문해력 1

1 체육 시간에 모양과 크기가 같은 뜀틀을 민수는 위로 3개, 정현이는 위로 5개 쌓았습니다. 쌓은 뜀틀의 높이가 더 높은 사람은 누구인가요?

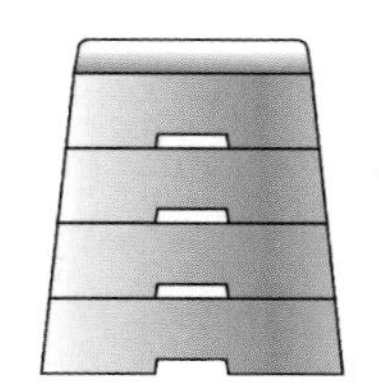

풀이

답 ____________________

104쪽 문해력 3

2 오른쪽 그림은 은진이와 영웅이가 똑같은 컵에 물을 가득 따라 마시고 남은 것입니다. 물을 더 많이 마신 사람은 누구인가요?

은진

영웅

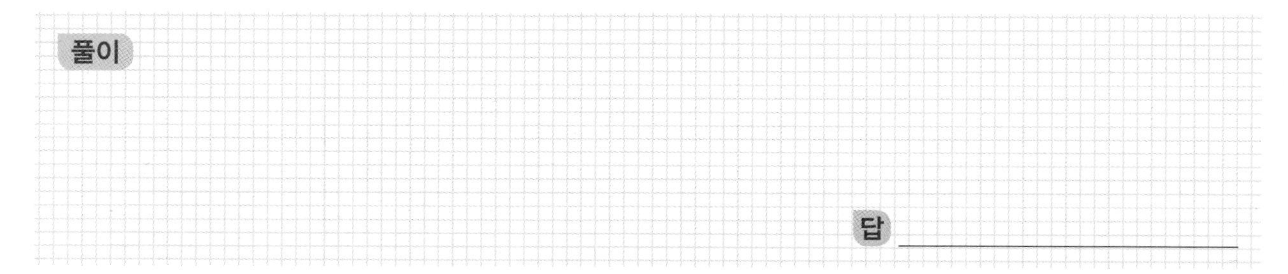

풀이

답 ____________________

112쪽 문해력 7

3 ※복주머니 9개와 ※복조리 5개의 무게가 같습니다. 복주머니와 복조리는 각각 무게가 같을 때 복주머니와 복조리 중에서 1개의 무게가 더 무거운 것은 무엇인가요?

복주머니

복조리

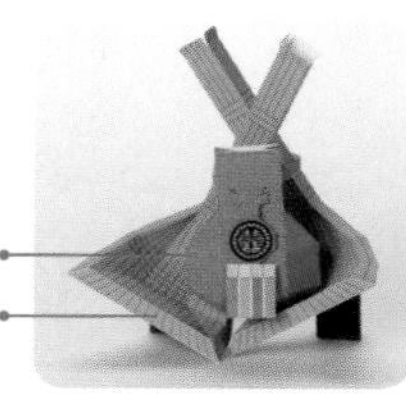

풀이

답 ____________________

문해력 백과

복주머니: 복을 비는 뜻으로 그 해의 맨 처음에 어린이에게 매어 주는 곡식을 넣은 주머니.
복조리: 조리는 쌀에 섞인 돌을 걸러내는 도구로 그 해의 복을 조리에 얻는다는 뜻에서 걸어 놓는다.

• 정답과 해설 22쪽

108쪽 문해력 5

4 다음 세 나라 국기의 전체 크기와 나뉜 부분의 크기가 각각 같을 때 국기에서 빨간색 부분이 가장 넓은 나라는 어디인가요?

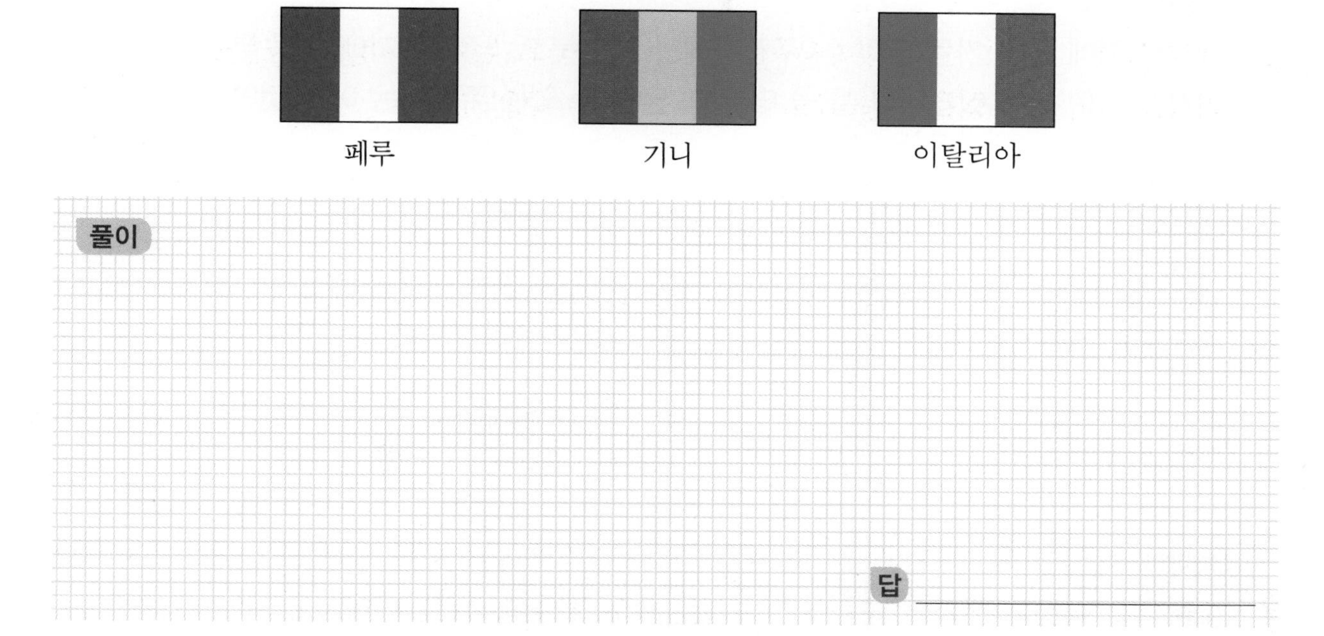

110쪽 문해력 6

5 땅을 파서 나무를 심은 것입니다. 나무 위쪽 끝의 위치가 같다면 키가 가장 큰 나무는 무엇인지 찾아 기호를 쓰세요.

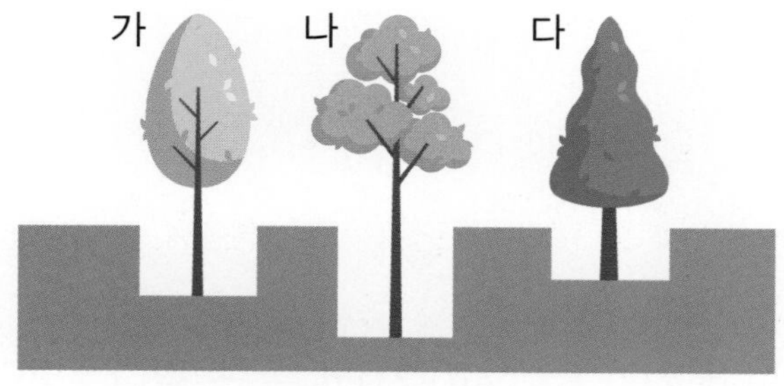

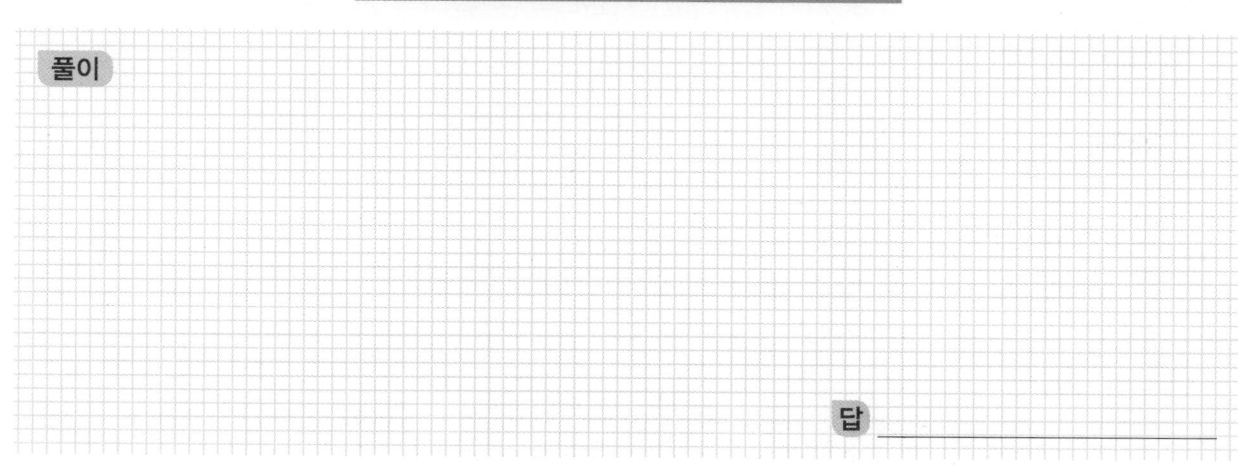

수학 문해력 평가하기

106쪽 문해력 4

6 똑같은 컵에 물을 가득 담아 ㉠ 주전자에 11번 붓고, ㉡ 주전자에 9번 부었더니 각각의 주전자에 물이 가득 찼습니다. 물을 더 많이 담을 수 있는 주전자는 어느 것인가요?

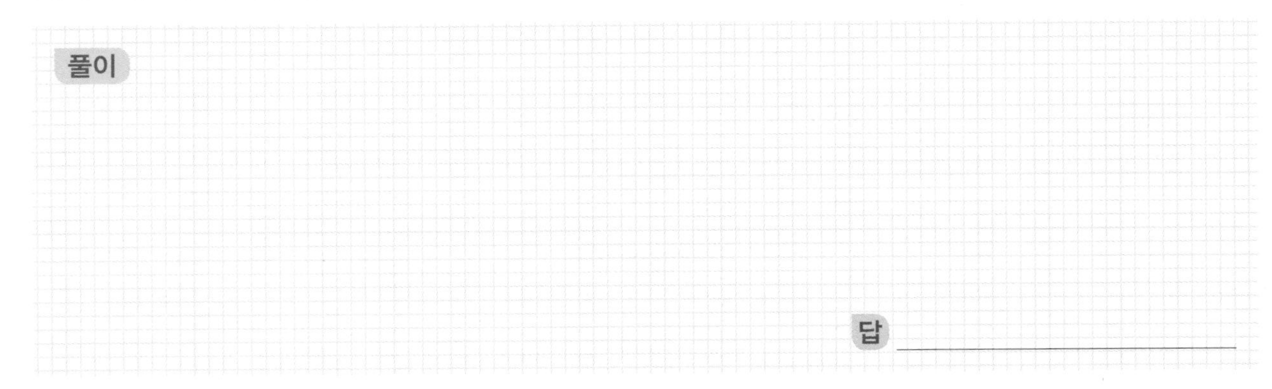

풀이

답 ____________

104쪽 문해력 3

7 수민이와 혜경이가 각자 똑같은 컵에 요구르트를 가득 따라 마시고 남은 양을 비교하니 수민이가 마신 컵에 남은 요구르트가 더 많았습니다. 요구르트를 더 많이 마신 사람은 누구인가요?

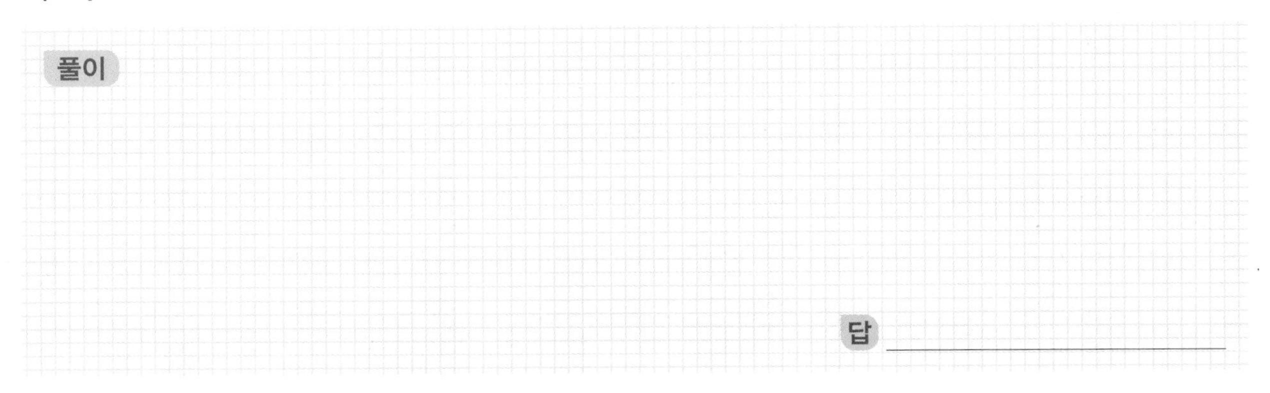

풀이

답 ____________

102쪽 문해력 2

8 포도나무는 사과나무보다 키가 더 작고, 사과나무는 감나무보다 키가 더 작았습니다. 세 나무 중에서 키가 가장 큰 나무는 무엇인가요?

풀이

답 ____________

• 정답과 해설 22쪽

114쪽 문해력 8

9 크기가 다른 세 그릇에 담긴 물의 높이가 모두 같습니다. 물이 가장 많이 들어 있는 그릇을 찾아 기호를 쓰세요.

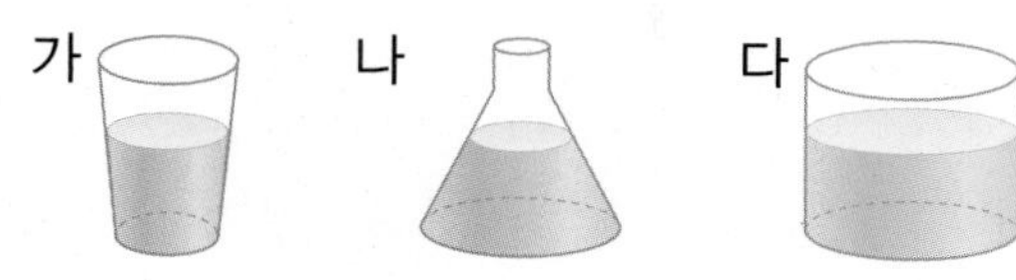

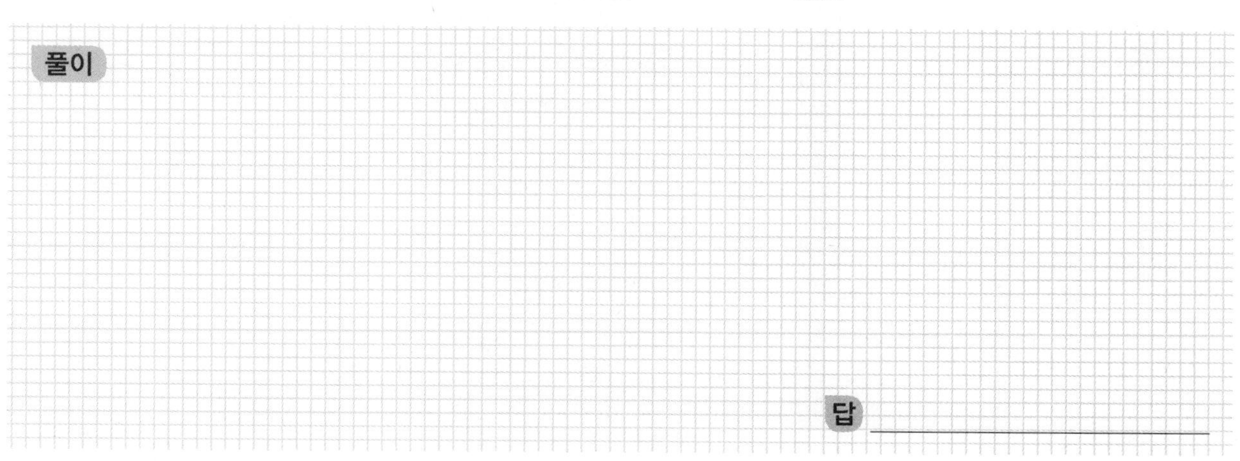

108쪽 문해력 5

10 작은 한 칸의 크기가 모두 같은 가, 나, 다 세 밭이 있습니다. 색칠한 부분에 각각 옥수수를 심었을 때 옥수수를 심은 부분이 가장 넓은 밭을 찾아 기호를 쓰세요.

가 나 다

풀이

답

MEMO

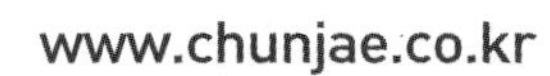
www.chunjae.co.kr

복습책

초등 문해력

독해가 힘이다

천재교육

그래서
밀크T가
필요한 겁니다
2학년
3학년
4학년
5학년
6학년
설명하는 글 읽기
학년이 더– 높아질수록
꼭 필요한 공부법
더–잡아야 할 공부습관
더–올려야 할 성적향상
더–맞춰야 할 1:1 맞춤학습

본책 11쪽의 유사 문제
• 정답과 해설 23쪽

1-1 유사 문제

1 3부터 7까지의 수를 순서대로 쓸 때 앞에서부터 셋째에 쓰는 수를 구하세요.

풀이

답 ______________________

1-2 유사 문제

2 2부터 8까지의 수를 순서대로 쓸 때 5는 앞에서부터 몇째에 쓰게 되는지 구하세요.

풀이

답 ______________________

1-3 유사 문제

3 3부터 9까지의 수를 수의 순서를 거꾸로 하여 쓸 때 앞에서부터 넷째에 쓰는 수를 구하세요.

풀이

답 ______________________

2-2 유사 문제

4 1부터 9까지의 수 중에서 ㉠과 ㉡의 두 조건을 만족하는 수를 모두 구하세요.

㉠ 2와 7 사이의 수입니다.
㉡ 4보다 큰 수입니다.

풀이

답 ______________

2-3 유사 문제

5 1부터 9까지의 수 중에서 세 사람이 말한 조건을 모두 만족하는 수를 구하세요.

3과 8 사이의 수야.

6보다 작은 수야.

5는 아니야.

풀이

답 ______________

문해력 레벨 3

6 1부터 9까지의 수 중에서 □ 안에 공통으로 들어갈 수 있는 수를 모두 구하세요.

- □은(는) 3보다 크고 9보다 작습니다.
- 5는 □보다 작습니다.

풀이

답 ______________

3-1 유사 문제

1 승아는 꽃집에서 꽃을 샀습니다. 장미는 4송이, 튤립은 6송이, 해바라기는 5송이 샀습니다. 가장 많이 산 꽃은 무엇인가요?

풀이

답 ______________

3-2 유사 문제

2 송편을 희진이는 6개, 진영이는 7개, 채령이는 다섯 개 만들었습니다. 송편을 가장 많이 만든 사람은 누구인가요?

풀이

답 ______________

3-3 유사 문제

3 미라, 예은, 승주는※제기차기를 하였습니다. 미라는 제기를 7개 찼고, 예은이는 미라보다 1개 더 많이 찼습니다. 승주가 여섯 개 찼다면 제기를 가장 많이 찬 사람은 누구인가요?

풀이

문해력 백과
제기: 쇠붙이에 얇고 질긴 종이나 천을 접어서 싼 다음, 끝을 여러 갈래로 찢어 발로 차고 노는 장난감

답 ______________

4-1 유사 문제

4 6장의 수 카드의 수를 작은 수부터 순서대로 늘어놓을 때 앞에서부터 다섯째에 놓이는 수는 얼마인가요?

6	3	1	5	0	7

풀이

답 ______

4-2 유사 문제

5 6장의 수 카드의 수를 큰 수부터 순서대로 늘어놓을 때 뒤에서부터 넷째에 놓이는 수는 얼마인가요?

8	1	0	5	4	6

풀이

답 ______

4-3 유사 문제

6 7장의 수 카드의 수를 작은 수부터 순서대로 늘어놓을 때 앞에서부터 넷째에 놓이는 수보다 1만큼 더 큰 수를 구하세요.

7	6	2	3	0	5	8

풀이

답 ______

5-1 유사 문제

1 해주네 반 학생들이 직업 체험을 하러 갔습니다. 소방관을 체험한 학생은 5명이고, 요리사를 체험한 학생은 소방관을 체험한 학생보다 2명 더 많습니다. 요리사를 체험한 학생은 몇 명인지 구하세요.

풀이

답 ______________

5-2 유사 문제

2 ※음악실에 여학생은 8명 있고 남학생은 여학생보다 2명 더 적게 있습니다. 음악실에 있는 남학생은 몇 명인지 구하세요.

풀이

문해력 어휘
음악실: 학교에서 음악 수업에 쓰는 교실

답 ______________

5-3 유사 문제

3 냉장고에 콜라가 8병 있습니다. 주스는 콜라보다 1병 더 적게 있고 우유는 주스보다 2병 더 많이 있습니다. 우유는 몇 병 있는지 구하세요.

풀이

답 ______________

6-1 유사 문제

4 어느 건물에서 안경원은 4층입니다. 미용실은 안경원보다 한 층 아래에 있고 빵집은 미용실보다 두 층 위에 있습니다. 빵집은 몇 층인가요?

풀이

답 ______________

6-2 유사 문제

5 어느 건물에서 치과는 7층입니다. 한의원은 치과보다 두 층 아래에 있고 약국은 한의원보다 한 층 위에 있습니다. 약국은 몇 층인가요?

풀이

답 ______________

6-3 유사 문제

6 같은 아파트의 서로 다른 층에 연재, 송호, 유림이가 살고 있습니다. 연재는 5층에 살고 있고 송호는 연재보다 두 층 아래에 살고 있습니다. 유림이는 송호보다 세 층 위에 살고 있을 때 유림이는 몇 층에 살고 있나요?

풀이

답 ______________

• 정답과 해설 24쪽

7-1 유사 문제

1 공룡 박물관에※입장하기 위해 8명이 한 줄로 서 있습니다. 앞에서부터 둘째와 일곱째 사이에 서 있는 사람은 모두 몇 명인가요?

풀이

문해력 어휘
입장: 장소의 안으로 들어가는 것

답 ______________

7-3 유사 문제

2 사진을 찍기 위해 9명의 학생들이 한 줄로 서 있습니다. 앞에서부터 둘째와 뒤에서부터 셋째 사이에 서 있는 학생은 모두 몇 명인가요?

풀이

답 ______________

문해력 레벨 3

3 8명의 학생이 달리기를 하고 있습니다. 윤서가 6등으로 달리다가 3명을 앞질렀습니다. 윤서 뒤에서 달리는 학생은 몇 명인가요?

풀이

답 ______________

8-1 유사 문제

4 색깔이 각각 다른 구슬을 한 줄로 놓았습니다. 그중 노란색 구슬은 왼쪽에서부터 셋째, 오른쪽에서부터 다섯째에 놓여 있습니다. 구슬은 모두 몇 개인가요?

풀이

답 ____________

8-2 유사 문제

5 민영이네 집은 아래에서부터 넷째, 위에서부터 둘째인 층에 있습니다. 민영이네 집이 있는 건물은 몇 층까지 있나요?

풀이

답 ____________

8-3 유사 문제

6 버스를 타기 위해 사람들이 한 줄로 서 있습니다. 지윤이는 앞에서부터 다섯째에 서 있고, 지윤이 바로 뒤에 가은이가 서 있습니다. 가은이가 뒤에서부터 셋째에 서 있다면 줄을 서 있는 사람은 모두 몇 명인가요?

풀이

답 ____________

본책 26쪽의 유사 문제
• 정답과 해설 25쪽

기출 1 유사 문제

1 다음은 세아가 모은 붙임딱지입니다. 진영이는 붙임딱지를 5개 모았고, 수진이는 붙임딱지를 진영이보다 많고 세아보다 적게 모았습니다. 수진이가 모은 붙임딱지는 몇 개인가요?

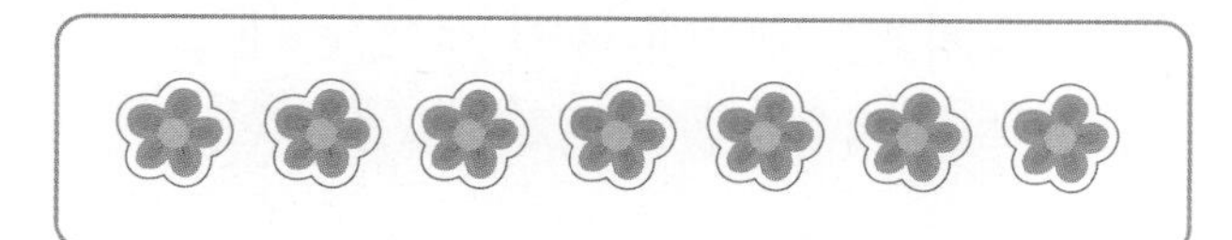

풀이

답 ____________

기출 변형

2 다음은 윤영이가 모은 붙임딱지입니다. 사랑이는 붙임딱지를 6개 모았고, 세호는 붙임딱지를 사랑이보다 많고 윤영이보다 적게 모았습니다. 세호가 모은 붙임딱지는 몇 개인가요?

풀이

답 ____________

기출 2 유사 문제

3 사슴, 닭, 말, 오리, 양이 다음과 같이 한 줄로 서 있습니다. 양이 맨 앞에 서 있을 때 앞에서부터 넷째에 서 있는 동물은 무엇인가요?

> 닭: 나는 앞에서부터 세어도, 뒤에서부터 세어도 순서가 같네.
> 말: 내 앞에는 넷이 서 있어.
> 오리: 사슴과 말 사이에 둘이 서 있는데 그중 하나가 나야.

풀이

답 ______________

기출 변형

4 동주, 선아, 영재, 민유, 지혜는 다음과 같이 한 줄로 서 있습니다. 앞에서부터 둘째에 서 있는 사람은 누구인가요?

> 동주: 내가 앞에서부터 넷째에 서 있네.
> 선아: 내 뒤에는 넷이 서 있어.
> 영재: 나는 앞에서부터 세어도, 뒤에서부터 세어도 순서가 같네.
> 민유: 선아와 동주 사이에 둘이 서 있는데 그중 하나가 나야.

풀이

답 ______________

• 정답과 해설 25쪽

1-1 유사 문제

1 구슬이 5개 있습니다. 유진이와 지윤이가 이 구슬을 모두 나누어 가지는데 각각 적어도 1개씩은 가지려고 합니다. 나누어 가지는 방법은 모두 몇 가지인가요?

풀이

답 ________________

1-2 유사 문제

2 공책이 7권 있습니다. 은정이와 동생이 이 공책을 모두 나누어 가지는데 각각 적어도 1권씩은 가지려고 합니다. 은정이가 동생보다 공책을 더 많이 가지는 방법은 모두 몇 가지인가요?

풀이

답 ________________

1-3 유사 문제

3 풍선이 8개 있습니다. 지혜와 승주가 이 풍선을 모두 나누어 가지는데 각각 적어도 1개씩은 가지려고 합니다. 지혜가 승주보다 풍선을 2개 더 많이 가지려면 승주는 풍선을 몇 개 가지면 되나요?

풀이

답 ________________

2-1 유사 문제

4 재현이는※골드키위를 어제 3개 먹었고, 오늘은 어제보다 1개 더 적게 먹었습니다. 재현이가 어제와 오늘 먹은 골드키위는 모두 몇 개인가요?

풀이

문해력 백과
골드키위: 속이 황금빛인 키위로 일반 키위에 비해 단맛이 강하다.

답 ____________________

2-2 유사 문제

5 민희는 올해 3살이고 오빠는 민희보다 2살 더 많습니다. 민희와 오빠의 나이의 합은 몇 살인가요?

풀이

답 ____________________

2-3 유사 문제

6 예은, 민정, 지아는 옥수수 따기 체험을 했습니다. 예은이는 옥수수를 5개 땄고, 민정이는 예은이보다 3개 더 적게 땄습니다. 지아는 민정이보다 2개 더 많이 땄을 때, 민정이와 지아가 딴 옥수수는 모두 몇 개인가요?

풀이

답 ____________________

3-1 유사 문제

1 동물원에 기린 7마리, 사자 5마리, 사슴 8마리가 있습니다. 가장 많은 동물은 가장 적은 동물보다 몇 마리 더 많나요?

풀이

답 ____________

3-2 유사 문제

2 올림픽은 4년마다 열리는 국제 운동 경기 대회입니다. 다음은 도쿄 올림픽에서 브라질의 종류별 메달 수를 나타낸 것입니다. 가장 많이 딴 메달은 가장 적게 딴 메달보다 몇 개 더 많나요?

나라	금메달의 수(개)	은메달의 수(개)	동메달의 수(개)
브라질	7	6	8

풀이

답 ____________

3-3 유사 문제

3 바구니에 크림빵 3개, 단팥빵 5개, 식빵 2개, 피자빵 7개가 들어 있습니다. 가장 많은 빵은 둘째로 많은 빵보다 몇 개 더 많나요?

풀이

답 ____________

4-2 유사 문제

4 4장의 수 카드 중에서 2장을 골라 합이 가장 큰 덧셈식을 만들어 계산 결과를 구하세요.

4 2 1 5

풀이

답 ____________________

4-3 유사 문제

5 3장의 수 카드 중에서 2장을 골라 합이 가장 큰 덧셈식을 만들었습니다. 이 덧셈식의 계산 결과에서 사용하지 않은 수 카드의 수를 빼면 얼마인지 구하세요.

5 2 3

풀이

답 ____________________

문해력 레벨 3

6 연희와 서준이는 각각 가지고 있는 3장의 수 카드 중에서 2장을 골라 합이 가장 큰 덧셈식을 만들었습니다. 연희와 서준이가 만든 식의 계산 결과의 차는 얼마인지 구하세요.

연희: 3 1 6

서준: 4 2 3

풀이

답 ____________________

5-1 유사 문제

1 빨간 색종이 2장과 파란 색종이 4장이 있었습니다. 그중에서 몇 장을 꽃을 접는 데 사용하였더니 3장이 남았습니다. 꽃을 접는 데 사용한 색종이는 몇 장인가요?

풀이

답 ______________

5-2 유사 문제

2 재진이가 호두과자 7개를 샀습니다. 그중에서 2개를 먹고 형에게 몇 개를 주었더니 3개가 남았습니다. 형에게 준 호두과자는 몇 개인가요?

풀이

답 ______________

5-3 유사 문제

3 ※녹차 맛 아이스크림 2개와 망고 맛 아이스크림 4개가 있었습니다. 그중에서 유미와 민호가 같은 개수만큼 아이스크림을 각자 먹었더니 2개가 남았습니다. 민호가 먹은 아이스크림은 몇 개인가요?

풀이

문해력 백과

녹차: 푸른빛이 그대로 나도록 말린 부드러운 찻잎 또는 그 찻잎을 우린 물

답 ______________

6-1 유사 문제

4 규진이가 초콜릿을 몇 개 가지고 있었는데 형에게 2개를 받아서 8개가 되었습니다. 승호는 규진이가 처음에 가지고 있던 초콜릿의 수보다 1개 더 적게 가지고 있습니다. 승호가 가지고 있는 초콜릿은 몇 개인가요?

풀이

답 ____________________

6-2 유사 문제

5 어떤 수에서 2를 뺐더니 3이 되었습니다. 어떤 수에 4를 더하면 얼마인가요?

풀이

답 ____________________

6-3 유사 문제

6 어떤 수에서 3을 빼야 할 것을 잘못하여 더했더니 8이 되었습니다. 바르게 계산하면 얼마인가요?

풀이

답 ____________________

본책 53쪽의 유사 문제
• 정답과 해설 27쪽

7-1 유사 문제

1 연필을 은서는 3자루, 태주는 8자루 가지고 있습니다. 태주가 은서에게 연필을 2자루 주면 은서와 태주는 각각 연필을 몇 자루씩 가지게 되나요?

풀이

답 은서: ____________, 태주: ____________

7-2 유사 문제

2 솜사탕을 재호는 4개, 미라는 5개 가지고 있습니다. 재호가 미라에게 솜사탕 3개를 받으면 재호와 미라는 솜사탕을 각각 몇 개씩 가지게 되나요?

풀이

답 재호: ____________, 미라: ____________

7-3 유사 문제

3 닭이 닭장 안에 7마리, 닭장 밖에 2마리 있습니다. 닭장 안에 있던 닭 1마리가 닭장 밖으로 나가면 닭장 안과 닭장 밖에 있는 닭의 수의 차는 몇 마리인가요?

풀이

답 ____________

본책 55쪽의 유사 문제

8-1 유사 문제

4 마을버스에 몇 명이 타고 있었는데 이번 정류장에서 4명이 내리고 5명이 더 탔습니다. 지금 이 마을버스에 타고 있는 사람이 8명이라면 처음 마을버스에 타고 있던 사람은 몇 명인가요?

풀이

답 ____________

8-2 유사 문제

5 접시에 호떡이 몇 개 있었는데 어머니께서 4개를 더 구워 주시고 동생이 2개를 먹었습니다. 지금 접시에 호떡이 5개 남았다면 처음 접시에 있던 호떡은 몇 개인가요?

풀이

답 ____________

8-3 유사 문제

6 어느※인터넷 게임에서 이기면 4점을 얻고, 지면 2점을 잃습니다. 소윤이가 처음에 기본 점수를 받고 게임에서 한 번은 이기고 한 번은 졌더니 지금 점수가 6점이 되었습니다. 소윤이가 처음에 받은 기본 점수는 몇 점인가요?

풀이

문해력 백과

인터넷 게임: 인터넷을 통하여 연결된 사람들끼리 하는 컴퓨터 게임

답 ____________

본책 56쪽의 유사 문제
• 정답과 해설 27쪽

기출1 유사 문제

1 모자를 형은 2개, 동생은 6개 가지고 있습니다. 형과 동생의 모자의 수가 같아지려면 동생은 형에게 모자를 몇 개 주어야 하나요?

풀이

답 ______________

기출 변형

2 가벼운 상처에 붙일 수 있는※일회용 반창고를 언니는 7개, 지수는 2개 가지고 있습니다. 언니가 지수보다 일회용 반창고를 1개 더 많이 가지려면 언니는 지수에게 일회용 반창고를 몇 개 주어야 하나요?

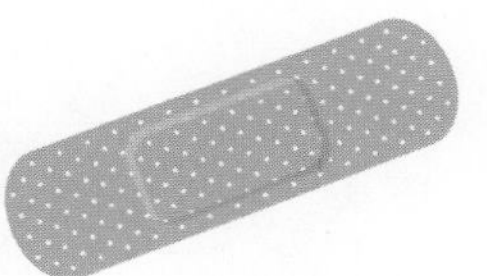

풀이

문해력 백과

일회용 반창고: 한 번만 쓰고 버리는 반창고로 포장을 벗겨 바로 피부에 붙일 수 있도록 만든다.

답 ______________

기출 2 유사 문제

3 가르기를 했을 때 ㉢에 알맞은 수를 구하세요.

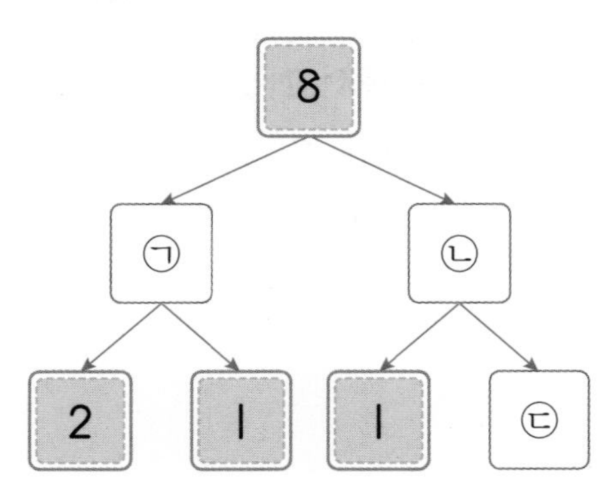

풀이

답 ______________________

기출 변형

4 모으기와 가르기를 했을 때 ㉣에 알맞은 수를 구하세요.

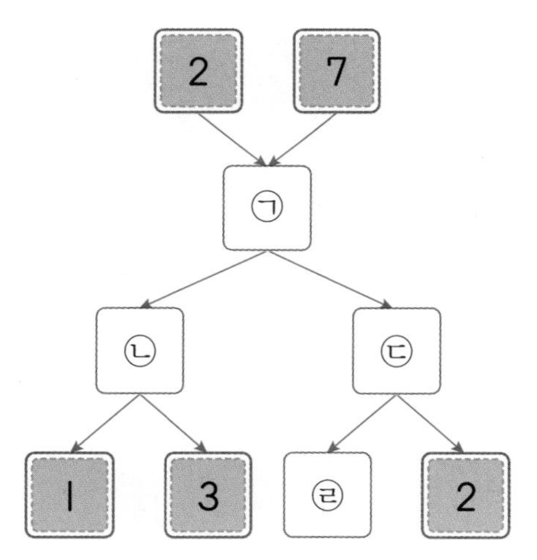

풀이

답 ______________________

본책 71쪽의 유사 문제

• 정답과 해설 28쪽

1-1 유사 문제

1 ※브로콜리가 10개씩 1봉지와 낱개 26개가 있습니다. 브로콜리는 모두 몇 개인가요?

풀이

문해력 백과

브로콜리: 양배추의 일종인 녹색 채소로 영양가가 풍부하며 끓는 물에 살짝 데치거나 볶아서 먹는다.

답 ______________

1-2 유사 문제

2 다음이 나타내는 수는 얼마인지 구하세요.

10개씩 묶음 3개와 낱개 12개인 수

풀이

답 ______________

1-3 유사 문제

3 노란색 구슬이 10개씩 묶음 3개와 낱개 17개가 있습니다. 보라색 구슬은 노란색 구슬보다 1개 더 많을 때 보라색 구슬은 몇 개인가요?

풀이

답 ______________

2-2 유사 문제

4 해바라기가 10송이씩 묶음 2개와 낱개 4송이가 있습니다. 백합은 10송이씩 묶음 1개와 낱개 2송이가 있습니다. 해바라기와 백합은 모두 몇 송이인가요?

풀이

답 ______

2-3 유사 문제

5 거울이 10개씩 묶음 4개와 낱개 8개가 있습니다. 그중에서 13개가 깨졌다면 남은 거울은 몇 개인가요?

풀이

답 ______

문해력 레벨 3

6 ※컵케이크가 10개씩 3상자와 낱개 8개가 있습니다. 그중에서 진호네 반 학생들이 10개씩 1상자와 낱개 3개를 먹고 유리네 반 학생들이 14개를 먹었습니다. 두 반 학생들이 먹고 남은 컵케이크는 몇 개인가요?

풀이

문해력 어휘

컵케이크: 밀가루에 버터, 설탕, 달걀, 베이킹파우더 따위를 넣어서 컵 모양으로 구워 낸 케이크

답 ______

본책 75쪽의 유사 문제
• 정답과 해설 28쪽

3-1 유사 문제

1 ※명태가 13마리 있습니다. 명태를 한 줄에 10마리씩 2줄을 엮으려면 명태가 몇 마리 더 있어야 하나요?

풀이

문해력 백과

명태: 머리와 입이 큰 대구과에 속하는 바닷물고기로 몸이 가늘고 길며 전체에 특이한 무늬가 있다.

답 ____________

3-2 유사 문제

2 자두를 은하는 26개 가지고 있고, 연재는 10개씩 묶음 3개를 가지고 있습니다. 은하와 연재가 가지고 있는 자두의 수가 같아지려면 은하는 자두를 몇 개 더 가져야 하나요?

풀이

답 ____________

3-3 유사 문제

3 야구공과 탁구공을 각각 한 상자에 10개씩 담아 4상자씩 만들려고 합니다. 지금까지 담은 야구공은 35개, 탁구공은 37개일 때 더 담아야 하는 야구공과 탁구공은 모두 몇 개인가요?

풀이

답 ____________

4-1 유사 문제

4 ※도서관에 있는 책꽂이에 책들이 번호 순서대로 꽂혀 있습니다. 28번과 34번 사이에 꽂혀 있는 책은 모두 몇 권인가요?

출처: © DavidPinoPhotography/shutterstock

풀이

문해력 어휘
도서관: 여러 종류의 책을 모아 두고 사람들이 볼 수 있도록 한 시설

답 ______

4-2 유사 문제

5 운동장에 학생들이 한 줄로 서 있습니다. 은정이는 앞에서부터 서른아홉 번째에 서 있고, 지현이는 앞에서부터 마흔여섯 번째에 서 있습니다. 은정이와 지현이 사이에 서 있는 학생은 모두 몇 명인가요?

풀이

답 ______

4-3 유사 문제

6 ※경복궁 관람을 위해 50명의 학생들이 한 줄로 서 있습니다. 영채는 앞에서부터 42번째에 서 있고, 민호는 뒤에서부터 4번째에 서 있습니다. 영채와 민호 사이에 서 있는 학생은 모두 몇 명인가요?

출처: © Getty Images Bank

풀이

문해력 백과
경복궁: 조선이라는 나라를 세운 태조 이성계가 한양을 수도로 정한 후 1395년에 세운 궁궐로 서울 종로구에 위치해 있다.

답 ______

본책 79쪽의 유사 문제
• 정답과 해설 29쪽

5-1 유사 문제

1 두 상자에 장난감이 각각 5개, 9개 들어 있습니다. 두 상자에 들어 있는 장난감을 지윤이와 사랑이가 똑같이 나누어 가지려고 합니다. 한 사람이 가질 수 있는 장난감은 몇 개인가요?

풀이

답 ____________________

5-2 유사 문제

2 그림과 같이 두 접시에 담긴 쿠키를 예은이와 지선이가 똑같이 나누어 먹으려고 합니다. 한 사람이 먹을 수 있는 쿠키는 몇 개인가요?

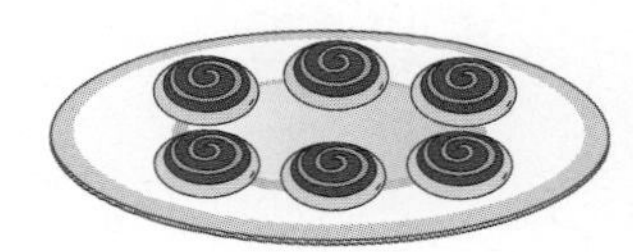

풀이

답 ____________________

5-3 유사 문제

3 빨간색 색연필 4자루와 파란색 색연필 7자루가 있습니다. 색연필을 색깔에 상관없이 두 사람이 똑같이 나누어 가졌더니 1자루가 남았습니다. 한 사람이 가진 색연필은 몇 자루인가요?

풀이

답 ____________________

6-1 유사 문제

4 3장의 수 카드 중에서 2장을 골라 한 번씩만 사용하여 몇십몇을 만들려고 합니다. 만들 수 있는 가장 큰 수는 얼마인가요?

1	4	3

풀이

답 ______________

6-2 유사 문제

5 3장의 수 카드 중에서 2장을 골라 한 번씩만 사용하여 몇십몇을 만들려고 합니다. 만들 수 있는 가장 작은 수는 얼마인가요?

2	8	5

풀이

답 ______________

6-3 유사 문제

6 4장의 수 카드 중에서 2장을 골라 한 번씩만 사용하여 몇십몇을 만들려고 합니다. 만들 수 있는 두 번째로 큰 수는 얼마인가요?

3	2	0	1

풀이

답 ______________

본책 83쪽의 유사 문제
• 정답과 해설 29쪽

7-1 유사 문제

1 고기만두가 18개, 김치만두가 32개, 새우만두가 10개씩 묶음 2개와 낱개 6개가 있습니다. 고기만두, 김치만두, 새우만두 중에서 가장 많은 만두는 무엇인가요?

풀이

답 ______________

7-2 유사 문제

2 아버지는 서른일곱 살, 어머니는 36살, 삼촌은 서른네 살입니다. 아버지, 어머니, 삼촌 중에서 나이가 가장 적은 사람은 누구인가요?

풀이

답 ______________

7-3 유사 문제

3 떡꼬치는 39개보다 1개 더 많고, 핫도그는 10개씩 묶음 3개와 낱개 9개, 샌드위치는 45개가 있습니다. 떡꼬치, 핫도그, 샌드위치 중에서 가장 많은 것은 무엇인가요?

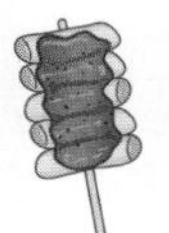
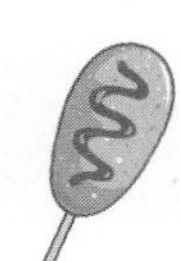

풀이

답 ______________

8-2 유사 문제

4 다음 설명을 모두 만족하는 수는 몇 개인가요?

- 30과 40 사이의 수입니다.
- 낱개의 수는 10개씩 묶음의 수보다 큽니다.

풀이

답

8-3 유사 문제

5 다음 설명을 모두 만족하는 수를 모두 구하세요.

- 30과 50 사이의 수입니다.
- 10개씩 묶음의 수와 낱개의 수의 차는 1입니다.

풀이

답

문해력 레벨 3

6 다음 설명을 모두 만족하는 수를 구하세요.

- 10과 30 사이의 수입니다.
- 10개씩 묶음의 수와 낱개의 수의 합이 6인 수입니다.
- 낱개의 수가 10개씩 묶음의 수보다 2만큼 더 큰 수입니다.

풀이

답

• 정답과 해설 30쪽

기출 1 유사 문제

1 서준이와 민영이가 가위바위보를 했습니다. 첫째 판에서는 둘 다 가위를 내어 비겼고, 둘째 판에서는 서준이가 보를 내어 이겼습니다. 둘째 판까지 두 사람이 펼친 손가락은 모두 몇 개인가요?

풀이

답 ______________

기출 변형

2 재현이와 소진이가 가위바위보를 했습니다. 첫째 판에서는 소진이가 바위를 내어 졌고, 둘째 판에서는 재현이가 보를 내어 졌습니다. 둘째 판까지 두 사람이 펼친 손가락은 모두 몇 개인가요?

풀이

답 ______________

기출 2 유사 문제

3 바구니에 귤, 감, 사과, 살구가 들어 있습니다. 다음을 보고 귤과 감의 수를 각각 구하세요.

• 귤과 감의 수를 모으면 5입니다.
• 감, 사과, 살구의 수를 모으면 6입니다.
• 귤, 감, 사과, 살구의 수를 모두 모으면 8입니다.

풀이

답 귤의 수: ＿＿＿＿＿＿, 감의 수: ＿＿＿＿＿＿

기출 변형

4 접시에 사탕, 쿠키, 초콜릿, 젤리가 놓여 있습니다. 다음을 보고 사탕, 초콜릿, 젤리의 수를 모으면 몇인지 구하세요.

• 사탕과 쿠키의 수를 모으면 6입니다.
• 쿠키, 초콜릿, 젤리의 수를 모으면 8입니다.
• 사탕, 쿠키, 초콜릿, 젤리의 수를 모두 모으면 12입니다.

풀이

답 ＿＿＿＿＿＿

1-1 유사 문제

1 모양과 크기가 같은 벽돌을 은미는 위로 7개, 찬원이는 위로 5개 쌓았습니다. 쌓은 벽돌의 높이가 더 높은 사람은 누구인가요?

풀이

답 ____________

1-2 유사 문제

2 유정이는 모양과 크기가 같은 노란색 쌓기나무 6개와 빨간색 쌓기나무 8개를 색깔별로 모두 위로 쌓았습니다. 쌓은 높이가 더 낮은 것은 어느 색 쌓기나무인가요?

풀이

답 ____________

1-3 유사 문제

3 ※인터넷 쇼핑몰에서 주문 받은 바지, 치마, 원피스를 모양과 크기가 같은 상자에 각각 1개씩 담았습니다. 바지를 담은 상자는 위로 18개, 치마를 담은 상자는 위로 12개, 원피스를 담은 상자는 위로 15개 쌓였습니다. 바지, 치마, 원피스 중 가장 많이 주문 받은 물건은 무엇인지 쓰세요.

풀이

문해력 어휘
인터넷 쇼핑몰: 통신 판매를 이용하여 물건을 구매할 수 있는 인터넷상의 상점

답 ____________

2-1 유사 문제

4 미주네 집에 있는 식탁은 냉장고보다 더 낮고, 냉장고는 에어컨보다 더 낮습니다. 식탁, 냉장고, 에어컨 중에서 가장 높은 것은 무엇인가요?

풀이

답 ______________

2-2 유사 문제

5 은우와 민재가 채소의 길이를 비교하여 설명하고 있습니다. 당근, 오이, 가지 중에서 길이가 가장 짧은 것은 무엇인가요?

풀이

답 ______________

2-3 유사 문제

6 준하, 성호, 민현이가※번지 점프를 하려고 계단을 오르고 있습니다. 준하는 성호와 민현이보다 더 낮은 곳에 있고, 민현이는 성호보다 더 낮은 곳에 있습니다. 준하, 성호, 민현이 중에서 가장 높은 곳에 있는 사람은 누구인지 구하세요.

풀이 ❶ 문제의 조건을 그림으로 나타내기

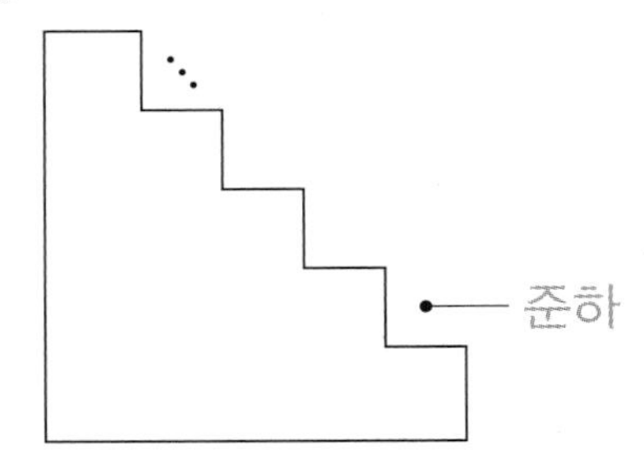

❷ 가장 높은 곳에 있는 사람 구하기

문해력 백과
번지 점프: 긴 고무줄에 몸을 묶고 높은 곳에서 뛰어내려 아찔한 긴박감을 즐기는 스포츠

답 ______________

3-1 유사 문제

1 오른쪽 그림은 윤영이와 재현이가 똑같은 컵에 포도주스를 가득 따라 마시고 남은 것입니다. 포도주스를 더 많이 마신 사람은 누구인가요?

풀이

답

3-2 유사 문제

2 은혜와 지윤이가 각자 똑같은 컵에 콜라를 가득 따라 마시고 남은 양을 비교하니 은혜가 마신 컵에 남은 콜라가 더 많았습니다. 콜라를 더 많이 마신 사람은 누구인가요?

풀이

답

3-3 유사 문제

3 경미, 민주, 태희가 똑같은 물통에 물을 가득 채워 감귤 농장으로 옮기고 있습니다. 감귤 농장에 도착했을 때 물통에 남은 물의 양이 다음과 같았습니다. 물을 적게 흘린 사람부터 순서대로 이름을 쓰세요.

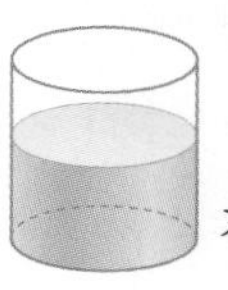

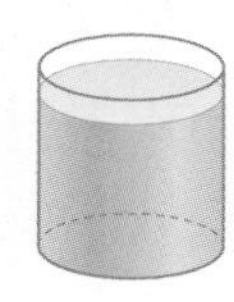

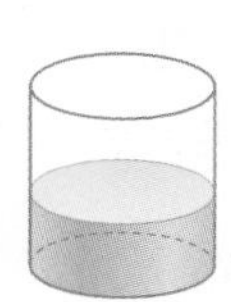

풀이

답

4-2 유사 문제

4 수조와 항아리에 가득 들어 있는 물을 똑같은 바가지로 모두 퍼냈습니다. 수조는 바가지로 가득 담아 6번 퍼냈고, 항아리는 바가지로 가득 담아 8번 퍼냈습니다. 수조와 항아리 중에서 물을 더 많이 담을 수 있는 것은 무엇인가요?

풀이

답 ____________________

4-3 유사 문제

5 냄비와 생수병에 물을 가득 담아 똑같은 양동이에 물을 가득 채우려고 합니다. 냄비로 7번, 생수병으로 11번 부었더니 각각의 양동이에 물이 가득 찼습니다. 냄비와 생수병 중에서 담을 수 있는 양이 더 많은 것은 무엇인가요?

풀이

답 ____________________

문해력 레벨 3

6 가, 나, 다 세 컵에 물을 가득 담아 똑같은 항아리에 물을 가득 채우려고 합니다. 가 컵으로 5번, 나 컵으로 9번, 다 컵으로 7번 부었더니 각각의 항아리에 물이 가득 찼습니다. 가, 나, 다 컵 중에서 담을 수 있는 양이 가장 많은 컵의 기호를 쓰세요.

풀이

답 ____________________

본책 109쪽의 유사 문제
• 정답과 해설 31쪽

5-1 유사 문제

1 가, 나, 다 세 개의 방석의 전체 크기와 나뉜 부분의 크기가 각각 같을 때 빨간색 부분이 가장 넓은 방석은 어느 것인가요?

가 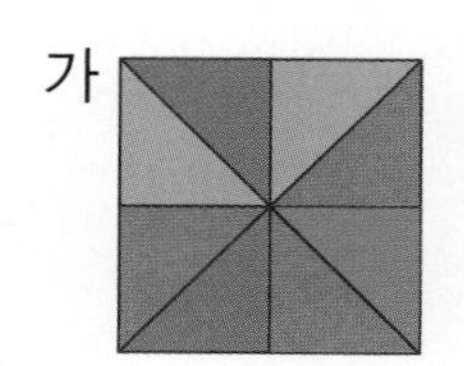 나 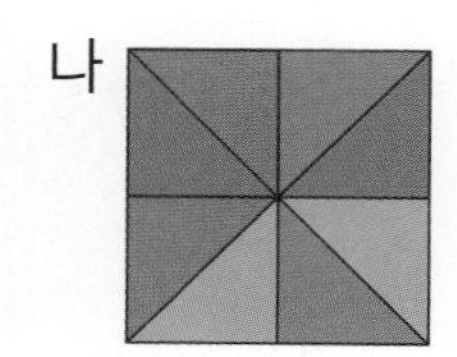 다 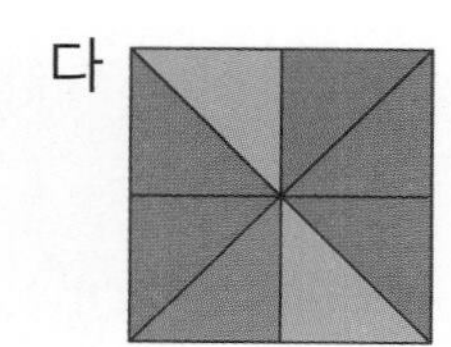

풀이

답 ________________

5-2 유사 문제

2 작은 한 칸의 크기가 모두 같은 가, 나, 다 세 화단이 있습니다. 색칠한 부분에 각각 잔디를 심었을 때 잔디를 심은 부분이 가장 넓은 화단을 찾아 기호를 쓰세요.

가 나 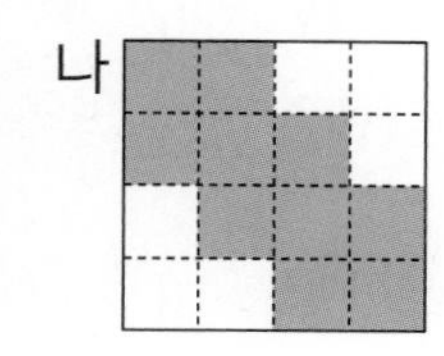 다 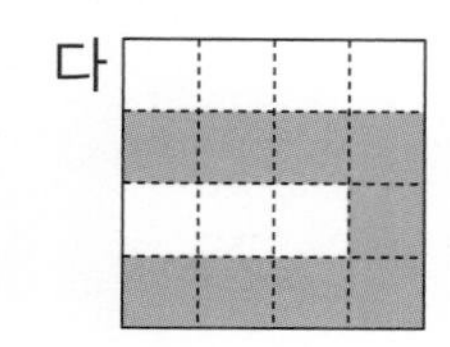

풀이

답 ________________

5-3 유사 문제

3 작은 한 칸의 크기가 모두 같은 가, 나, 다 세 밭이 있습니다. 가는 2칸을 남겨놓고, 나는 3칸을 남겨놓고, 다는 1칸을 남겨놓고 모두 옥수수를 심었습니다. 옥수수를 심은 부분이 가장 좁은 밭을 찾아 기호를 쓰세요.

가 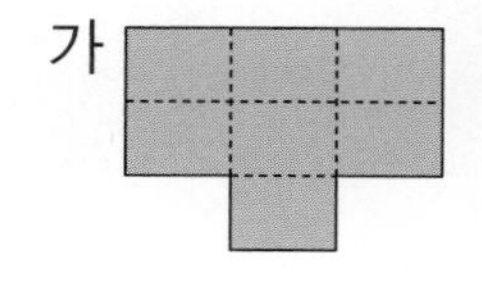 나 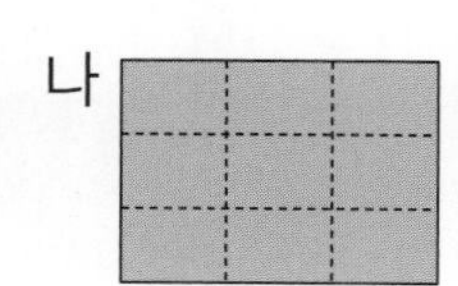 다

풀이

답 ________________

6-1 유사 문제

4 오른쪽은 전자제품 가게에서 선풍기 가, 나, 다를 전시해 놓은 것입니다. 선풍기 위쪽 끝의 위치가 같다면 높이가 가장 높은 선풍기는 무엇인지 기호를 쓰세요.

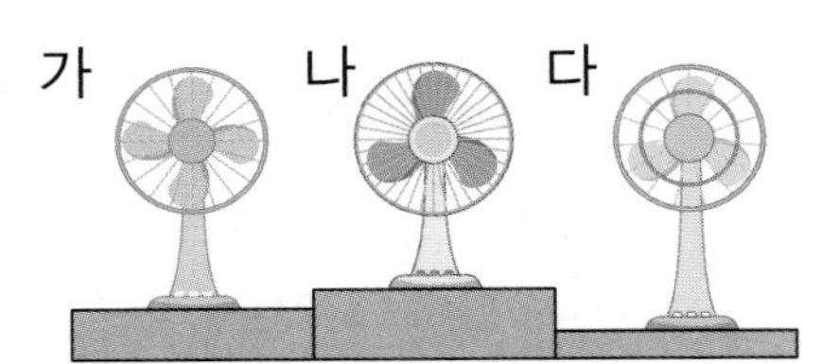

풀이

답

6-2 유사 문제

5 친구들이 높이가 같은 철봉에 나란히 매달려 있습니다. 머리끝의 위치가 같다면 키가 둘째로 큰 친구는 누구인지 이름을 쓰세요.

풀이

답

6-3 유사 문제

6 길이가 같은 막대 4개를 연못의 바닥에 닿도록 세웠습니다. 그림에서 연못의 바닥이 가장 깊은 곳을 찾아 기호를 쓰세요.

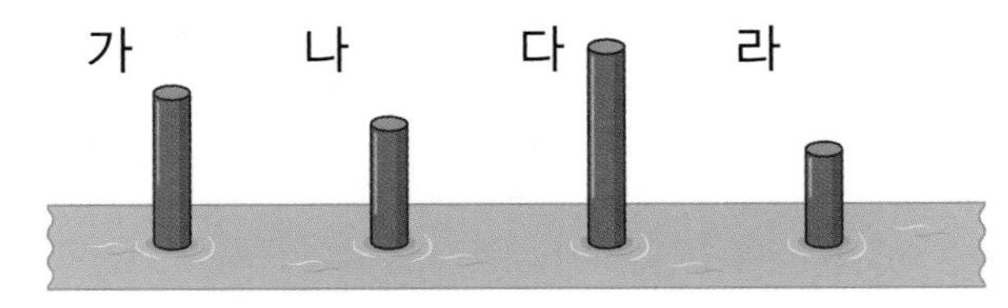

풀이

답

• 정답과 해설 32쪽

7-1 유사 문제

1 동화책 5권과 위인전 4권의 무게가 같습니다. 동화책과 위인전이 각각 무게가 같을 때 동화책과 위인전 중에서 1권의 무게가 더 무거운 것은 무엇인가요?

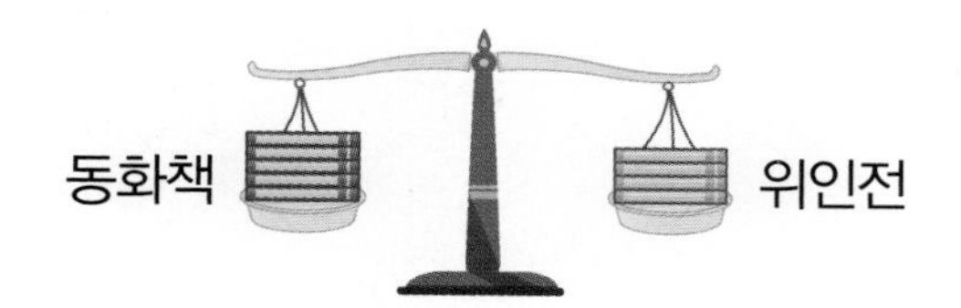

풀이

답 ______________

7-2 유사 문제

2 가와 나 상자에 무게가 같은※못을 그림과 같이 넣었더니 두 상자의 무게가 같았습니다. 못을 모두 꺼냈을 때 더 무거운 상자의 기호를 쓰세요.

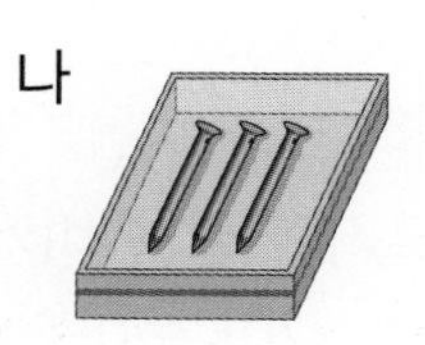

문해력 어휘
못: 나무 등을 서로 붙이거나 고정시키는 데 사용하는 물건으로 쇠, 나무 등으로 만들고 끝이 뾰족하다.

풀이

답 ______________

8-2 유사 문제

3 나와 다는 물의 높이가 같고, 가와 다는 그릇의 크기가 같습니다. 물이 가장 많이 들어 있는 그릇을 찾아 기호를 쓰세요.

풀이

답 ______________

8-3 유사 문제

4 똑같은 냄비에 가득 담긴 물을 크기가 다른 빈 컵에 그림과 같이 물의 높이가 같도록 부었습니다. 냄비에 남은 물의 양이 더 많은 것의 기호를 쓰세요.

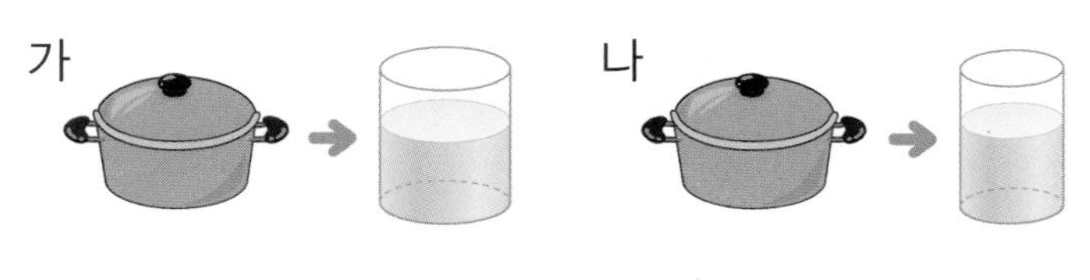

풀이

답 ______________

문해력 레벨 3

5 서로 다른 양의 물이 들어 있는 크기가 같은 비커에 두 물병 ㉠과 ㉡에 담긴 물을 각각 옮겨 담았더니 물의 높이가 그림과 같이 높아졌습니다. ㉠과 ㉡ 중 물이 더 많이 들어 있던 물병의 기호를 쓰세요.

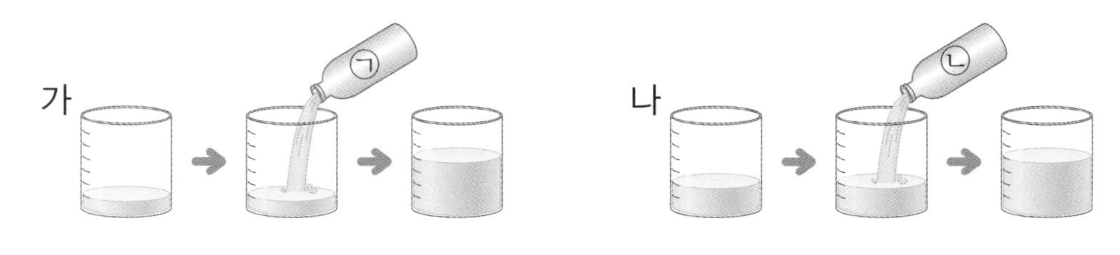

풀이

답 ______________

본책 116쪽의 유사 문제

• 정답과 해설 32쪽

기출 1 유사 문제

1 모양과 크기가 같은 병에 물을 담아 막대로 두드리면 물이 적게 담길수록 높은 소리가 납니다. 막대로 병을 두드렸을 때 가장 높은 소리가 나는 병을 찾아 기호를 쓰세요.

가 나 다 라

풀이

답 ______________________

기출 변형

2 모양과 크기가 같은 병에 물을 담아 막대로 두드리면 물이 적게 담길수록 높은 소리가 납니다. 막대로 병을 두드렸을 때 가장 낮은 소리가 나는 병을 찾아 기호를 쓰세요.

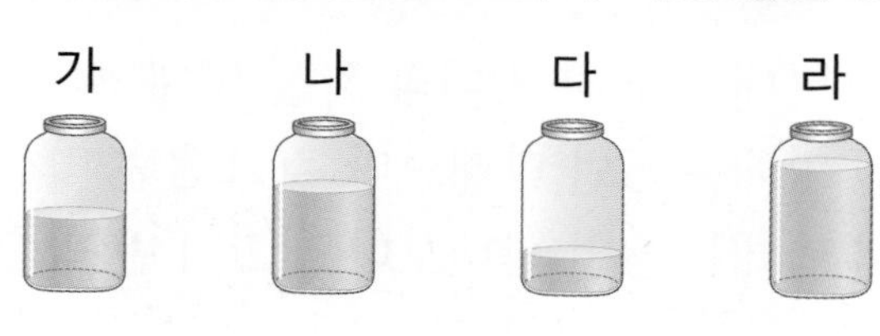

풀이

답 ______________________

본책 117쪽의 유사 문제
• 정답과 해설 32쪽

기출 2 유사 문제

3 I번부터 5번까지의 번호가 적힌 막대 5개가 있습니다. 막대의 길이가 다음과 같을 때 가장 짧은 막대에 적힌 번호를 구하세요.

- 3번 막대보다 긴 막대와 짧은 막대의 개수는 같습니다.
- 4번 막대는 3번 막대보다 길고 I번 막대보다 짧습니다.
- 5번 막대는 3번 막대보다 짧고 2번 막대보다 깁니다.

풀이

답 ______________

기출 변형

4 I번부터 5번까지의 번호가 적힌 막대 5개가 있습니다. 막대의 길이가 다음과 같을 때 가장 긴 막대에 적힌 번호를 구하세요.

- 5번 막대보다 긴 막대와 짧은 막대의 개수는 같습니다.
- 4번 막대는 5번 막대보다 길고 3번 막대보다 짧습니다.
- 2번 막대는 5번 막대보다 짧고 I번 막대보다 깁니다.

풀이

답 ______________

꼭 알아야 할

사자성어

'호랑이는 죽어서 가죽을 남기고,
사람은 죽어서 이름을 남긴다.'는 속담을 알고 있나요?
착하고 훌륭한 일을 하면 그 사람의 이름이 후세에까지 빛난다는 뜻인데,
'입신양명'도 같은 의미로 사용되는 말이랍니다.
열심히 공부하는 여러분! '입신양명'을 응원합니다.

해당 콘텐츠는 천재교육 '똑똑한 하루 독해'를 참고하여 제작되었습니다.
모든 공부의 기초가 되는 어휘력+독해력을 키우고 싶을 땐,
똑똑한 하루 독해&어휘를 풀어보세요!

뭘 좋아할지 몰라 다 준비했어♥
전과목 교재

전과목 시리즈 교재

● 우등생 해법시리즈

– 국어/수학	1~6학년, 학기용
– 사회/과학	3~6학년, 학기용
– 봄·여름/가을·겨울	1~2학년, 학기용
– SET(전과목/국수, 국사과)	1~6학년, 학기용

● 똑똑한 하루 시리즈

– 똑똑한 하루 독해	예비초~6학년, 총 14권
– 똑똑한 하루 글쓰기	예비초~6학년, 총 14권
– 똑똑한 하루 어휘	예비초~6학년, 총 14권
– 똑똑한 하루 수학	1~6학년, 학기용
– 똑똑한 하루 계산	예비초~6학년, 총 14권
– 똑똑한 하루 도형	예비초~6단계, 총 8권
– 똑똑한 하루 사고력	1~6학년, 학기용
– 똑똑한 하루 사회/과학	3~6학년, 학기용
– 똑똑한 하루 봄/여름/가을/겨울	1~2학년, 총 8권
– 똑똑한 하루 안전	1~2학년, 총 2권
– 똑똑한 하루 Voca	3~6학년, 학기용
– 똑똑한 하루 Reading	초3~초6, 학기용
– 똑똑한 하루 Grammar	초3~초6, 학기용
– 똑똑한 하루 Phonics	예비초~초등, 총 8권

● 초등 문해력 독해가 힘이다 비문학편	3~6학년, 단계별

영어 교재

● 초등영어 교과서 시리즈

파닉스(1~4단계)	3~6학년, 학년용
회화(입문1~2, 1~6단계)	3~6학년, 학기용
영단어(1~4단계)	3~6학년, 학년용
● 셀파 English(어휘/회화/문법)	3~6학년
● Reading Farm(Level 1~4)	3~6학년
● Grammar Town(Level 1~4)	3~6학년
● LOOK BOOK 영단어	3~6학년, 단행본
● 원서 읽는 LOOK BOOK 영단어	3~6학년, 단행본
● 멘토 Story Words	2~6학년, 총 6권

1-A 문장제 수학편

천재교육

정답과 해설
포인트 3가지

- 혼자서도 이해할 수 있는 친절한 문제 풀이
- 문제 해결에 꼭 필요한 핵심 전략 제시
- 참고, 주의, 다르게 풀기 등 자세한 풀이 제시

진도책 정답과 해설

1주 9까지의 수

1주 준비학습 6 ~ 7쪽

1 ●◎●●● » 소윤
2 ●●●●◎● » 토끼
3 5 » 5등 4 6 » 6개
5 7 » 7개 6 6에 ○표 » 단팥빵
7 7에 △표 » 은채

3 수를 순서대로 쓰면 1, 2, 3, 4, 5로 4 다음에 오는 수는 5이다.
따라서 진호 바로 뒤에 들어온 서윤이는 5등을 했다.

5 8보다 1만큼 더 작은 수는 7이므로 축구공은 7개이다.

6 3과 6 중에서 더 큰 수는 6이므로 더 많은 것은 단팥빵이다.

7 8과 7 중에서 더 작은 수는 7이므로 더 적게 읽은 사람은 은채이다.

1주 준비학습 8 ~ 9쪽

1 넷째 2 4개
3 5층 4 6자루
5 잠자리 6 민주

1 첫째 – 둘째– 셋째 – 넷째 – 다섯째
↑
은주

3 4보다 1만큼 더 큰 수는 5이므로 지아는 5층에 살고 있다.

6 4와 6 중에서 더 작은 수는 4이므로 딸기를 더 적게 먹은 사람은 민주이다.

1주 1일 10 ~ 11쪽

문해력 문제 1
전략 1
풀기 ❶ 4, 5, 6 ❷ 5
답 5
1-1 5 1-2 셋째
1-3 4

1-1 전략
3부터 8까지의 수를 순서대로 쓰려면 3부터 1만큼씩 커지는 수를 차례로 쓴다.

❶ 3부터 8까지의 수를 순서대로 쓰면 3, 4, 5, 6, 7, 8이다.
❷ 위 ❶에서 앞에서부터 셋째에 쓴 수는 5이다.

참고
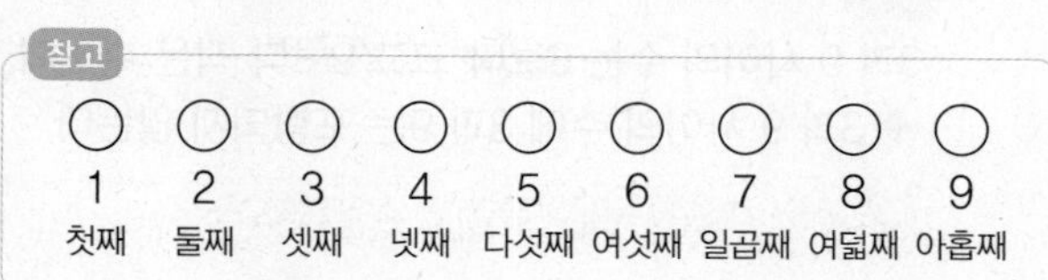

1-2 ❶ 4부터 9까지의 수를 순서대로 쓰기
4부터 9까지의 수를 순서대로 쓰면 4, 5, 6, 7, 8, 9이다.
❷ 6은 앞에서부터 몇째에 쓰는 수인지 구하기
4, 5, 6, 7, 8, 9
첫째 둘째 셋째
➔ 6은 앞에서부터 셋째에 쓰게 된다.

1-3 전략
2부터 8까지의 수를 수의 순서를 거꾸로 하여 쓰려면 8부터 1만큼씩 작아지는 수를 차례로 쓴다.

❶ 2부터 8까지의 수를 수의 순서를 거꾸로 하여 쓰면 8, 7, 6, 5, 4, 3, 2이다.
❷ 위 ❶에서 앞에서부터 다섯째에 쓴 수는 4이다.

주의
수를 순서대로 쓰면 수가 커지고, 수의 순서를 거꾸로 하여 쓰면 수가 작아진다.

1주 1일 12 ~ 13쪽

문해력 문제 2

전략 크고에 ○표, 작은에 ○표

풀기 ❶ 4, 5, 6 ❷ 3, 4 / 3, 4

답 3, 4

2-1 4, 5 **2-2** 6, 7

2-3 6

2-1 전략
❶ 1부터 9까지의 수 중에서 3과 9 사이의 수 구하기
❷ 위 ❶에서 구한 수 중에서 6보다 작은 수를 구하여 두 조건을 만족하는 수 구하기

❶ 3과 9 사이의 수는 4, 5, 6, 7, 8이다.
❷ 위 ❶에서 구한 수 중에서 6보다 작은 수는 4, 5이므로 두 조건을 만족하는 수는 4, 5이다.

주의
3과 9 사이의 수는 3보다 크고 9보다 작은 수이다.
➔ 3과 9 사이의 수에 3과 9는 포함되지 않는다.

2-2 ❶ 2와 8 사이의 수는 3, 4, 5, 6, 7이다.
❷ 위 ❶에서 구한 수 중에서 5보다 큰 수는 6, 7이므로 두 조건을 만족하는 수는 6, 7이다.

참고
수를 순서대로 썼을 때 앞의 수가 뒤의 수보다 작은 수이고 뒤의 수가 앞의 수보다 큰 수이다.

2-3 ❶ 3과 8 사이의 수는 4, 5, 6, 7이다.
❷ 위 ❶에서 구한 수 중에서 5보다 큰 수는 6, 7이다.
❸ 6, 7 중에서 7이 아니라고 했으므로 세 사람이 말한 수를 모두 만족하는 수는 6이다.

참고
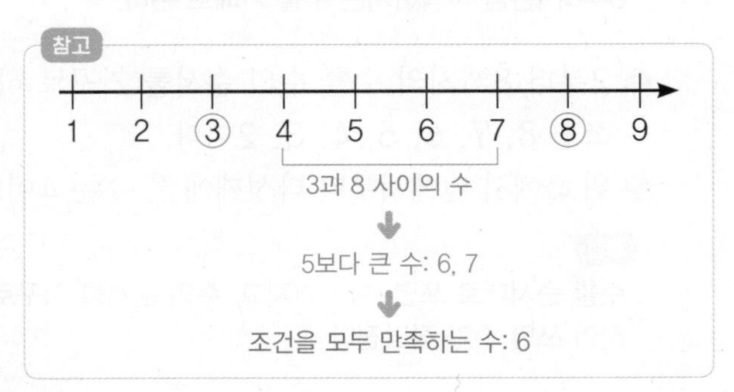

1주 2일 14 ~ 15쪽

문해력 문제 3

전략 큰에 ○표

풀기 ❶ 7, 5, 4, 7 ❷ 고등어

답 고등어

3-1 수영 **3-2** 지아

3-3 지윤

3-1 전략
가장 많은 학생들이 배우는 운동을 구해야 하므로 가장 큰 수를 구한다.

❶ 학생 수를 비교하여 큰 수부터 차례로 쓰면 6, 5, 3이므로 가장 큰 수는 6이다.
❷ 가장 많은 학생들이 배우는 운동은 수영이다.

참고
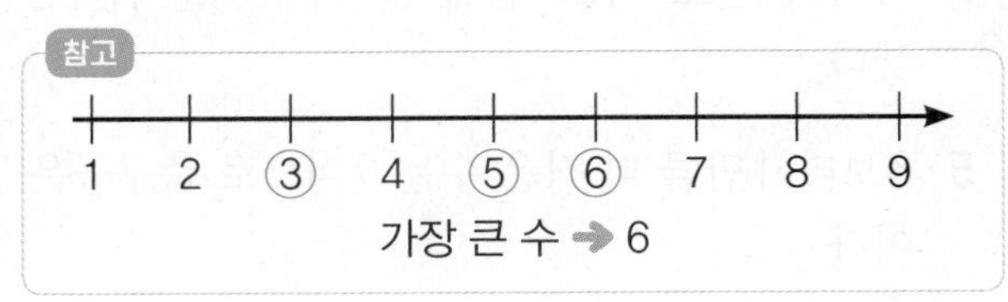

3-2 ❶ 세 사람이 가지고 있는 연필의 수 비교하기
연필의 수를 비교하여 큰 수부터 차례로 쓰면 8, 6, 5이므로 가장 큰 수는 8이다.
❷ 연필을 가장 많이 가지고 있는 사람 구하기
연필을 가장 많이 가지고 있는 사람은 지아이다.

참고
소희가 가지고 있는 연필의 개수를 수로 나타내면 6이다.

3-3 전략
세 사람이 넣은 화살의 수를 먼저 구한 후 수의 크기를 비교한다.

❶ 지윤이가 넣은 화살의 수 구하기
지윤이가 넣은 화살은 8개보다 1개 더 많으므로 9개이다.
❷ 세 사람이 넣은 화살의 수 비교하기
넣은 화살의 수를 비교하여 큰 수부터 차례로 쓰면 9, 8, 7이므로 가장 큰 수는 9이다.
❸ 투호 놀이에서 이긴 사람 구하기
투호 놀이에서 이긴 사람은 화살을 가장 많이 넣은 지윤이다.

1주 2일 16 ~ 17 쪽

문해력 문제 4

전략 셋

풀기 ❶ 3, 5, 6, 8 ❷ 3

답 3

4-1 5 4-2 4

4-3 7

4-1 ❶ 수 카드의 수를 작은 수부터 순서대로 늘어놓기
수 카드의 수를 작은 수부터 순서대로 늘어놓으면 0, 1, 2, 5, 7, 9이다.
❷ 앞에서부터 넷째에 놓이는 수 구하기
위 ❶에서 앞에서부터 넷째에 놓인 수는 5이다.

4-2 ❶ 수 카드의 수를 큰 수부터 순서대로 늘어놓기
수 카드의 수를 큰 수부터 순서대로 늘어놓으면 8, 5, 4, 3, 2, 0이다.
❷ 뒤에서부터 넷째에 놓이는 수 구하기
위 ❶에서 뒤에서부터 넷째에 놓인 수는 4이다.

4-3 ❶ 수 카드의 수를 작은 수부터 순서대로 늘어놓기
수 카드의 수를 작은 수부터 순서대로 늘어놓으면 0, 1, 3, 5, 6, 8, 9이다.
❷ 앞에서부터 다섯째에 놓이는 수 구하기
위 ❶에서 앞에서부터 다섯째에 놓인 수는 6이다.
❸ 위 ❷에서 구한 수보다 1만큼 더 큰 수 구하기
6보다 1만큼 더 큰 수는 7이다.

주의
수 카드의 수를
작은 수부터 늘어놓는지, 큰 수부터 늘어놓는지와 순서가 앞에서부터인지, 뒤에서부터인지를 꼭 확인한다.
예 • 큰 수부터 늘어놓기
뒤에서부터 둘째
9, 8, 6, 5, 3, 1, 0
앞에서부터 둘째
• 작은 수부터 늘어놓기
뒤에서부터 셋째
0, 1, 3, 5, 6, 8, 9
앞에서부터 셋째

1주 3일 18 ~ 19 쪽

문해력 문제 5

전략 1

풀기 ❶ 6, 7, 7 ❷ 7

답 7개

5-1 8명 5-2 7명

5-3 6마리

5-1 ❶ 6보다 2만큼 더 큰 수 구하기
6보다 1만큼 더 큰 수는 7이고 7보다 1만큼 더 큰 수는 8이므로 6보다 2만큼 더 큰 수는 8이다.
❷ 국립중앙박물관에 가고 싶은 학생은 8명이다.

참고
2만큼 더 큰 수는 1만큼씩 2번 더 큰 수이다.
1만큼 더 큰 수 1만큼 더 큰 수
6 7 8
2만큼 더 큰 수

5-2 ❶ 9보다 2만큼 더 작은 수 구하기
9보다 1만큼 더 작은 수는 8이고 8보다 1만큼 더 작은 수는 7이므로 9보다 2만큼 더 작은 수는 7이다.
❷ 운동장에 있는 여학생은 7명이다.

참고
2만큼 더 작은 수는 1만큼씩 2번 더 작은 수이다.
1만큼 더 작은 수 1만큼 더 작은 수
9 8 7
2만큼 더 작은 수

5-3 ❶ 5보다 1만큼 더 작은 수를 구하여 기린의 수 구하기
5보다 1만큼 더 작은 수는 4이므로 기린은 4마리이다.
❷ 위 ❶에서 구한 수보다 2만큼 더 큰 수 구하기
4보다 1만큼 더 큰 수는 5이고 5보다 1만큼 더 큰 수는 6이므로 4보다 2만큼 더 큰 수는 6이다.
❸ 곰은 6마리이다.

1주 3일 20 ~ 21 쪽

문해력 문제 6

전략 큰 수에 ◯표 / 작은 수에 ◯표

풀기 ❶ 5, 5 ❷ 4, 4

답 4층

6-1 4층 **6-2** 3층

6-3 5층

6-1 ❶ 서점은 몇 층인지 구하기

5보다 2만큼 더 작은 수는 3이므로 서점은 3층이다.

❷ 식당은 몇 층인지 구하기

3보다 1만큼 더 큰 수는 4이므로 식당은 4층이다.

6-2 ❶ 수학 학원은 몇 층인지 구하기

4보다 1만큼 더 큰 수는 5이므로 수학 학원은 5층이다.

❷ 영어 학원은 몇 층인지 구하기

5보다 2만큼 더 작은 수는 3이므로 영어 학원은 3층이다.

참고
같은 건물에서
■층 위에 있으면 층수는 ■만큼 더 큰 수를 구하고
▲층 아래에 있으면 층수는 ▲만큼 더 작은 수를 구한다.

6-3 ❶ 준하는 몇 층에 살고 있는지 구하기

4보다 2만큼 더 작은 수는 2이므로 준하는 2층에 살고 있다.

❷ 예은이는 몇 층에 살고 있는지 구하기

2보다 3만큼 더 큰 수는 5이므로 예은이는 5층에 살고 있다.

참고

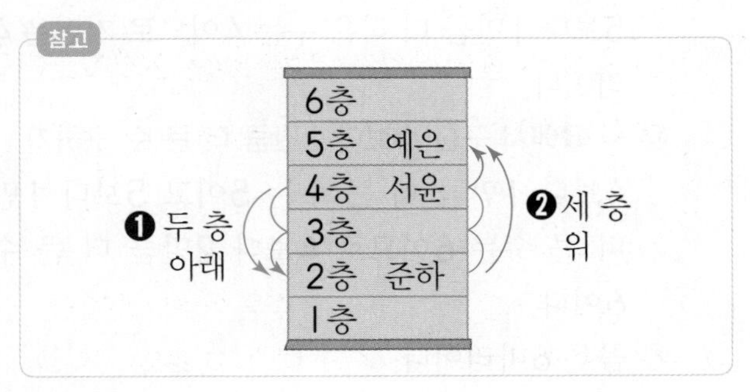

1주 4일 22 ~ 23 쪽

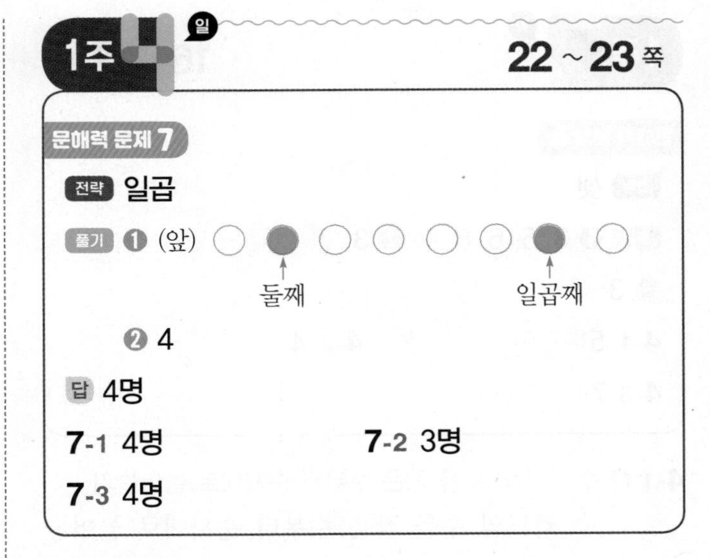

문해력 문제 7

전략 일곱

풀기 ❶ (앞) ◯ ● ◯ ◯ ◯ ◯ ● ◯

둘째 일곱째

❷ 4

답 4명

7-1 4명 **7-2** 3명

7-3 4명

7-1 전략
❶ ◯를 7개 그린 후 앞에서부터 첫째와 여섯째의 ◯에 색칠한다.
❷ 위 ❶에서 색칠한 두 ● 사이에 있는 ◯의 개수를 세어 본다.

❶ (앞) ● ◯ ◯ ◯ ◯ ● ◯

첫째 여섯째

❷ 위 ❶의 그림에서 앞에서부터 첫째와 여섯째 사이에 서 있는 사람은 모두 4명이다.

7-2 전략
3등은 앞에서부터 셋째로 달린 것이고 7등은 앞에서부터 일곱째로 달린 것이다.

❶ ◯를 8개 그린 후 3등과 7등의 ◯에 색칠하기

(앞) ◯ ◯ ● ◯ ◯ ◯ ● ◯

3등 7등

❷ 3등과 7등 사이에 달리고 있는 학생 수 구하기

위 ❶의 그림에서 3등과 7등 사이에 달리고 있는 학생은 모두 3명이다.

7-3 ❶ ◯를 9개 그린 후 앞에서부터 셋째와 뒤에서부터 둘째의 ◯에 색칠하기

뒤에서부터 둘째

(앞) ◯ ◯ ● ◯ ◯ ◯ ◯ ● ◯ (뒤)

앞에서부터 셋째

❷ 앞에서부터 셋째와 뒤에서부터 둘째 사이에 서 있는 학생 수 구하기

위 ❶의 그림에서 앞에서부터 셋째와 뒤에서부터 둘째 사이에 서 있는 학생은 모두 4명이다.

정답과 해설

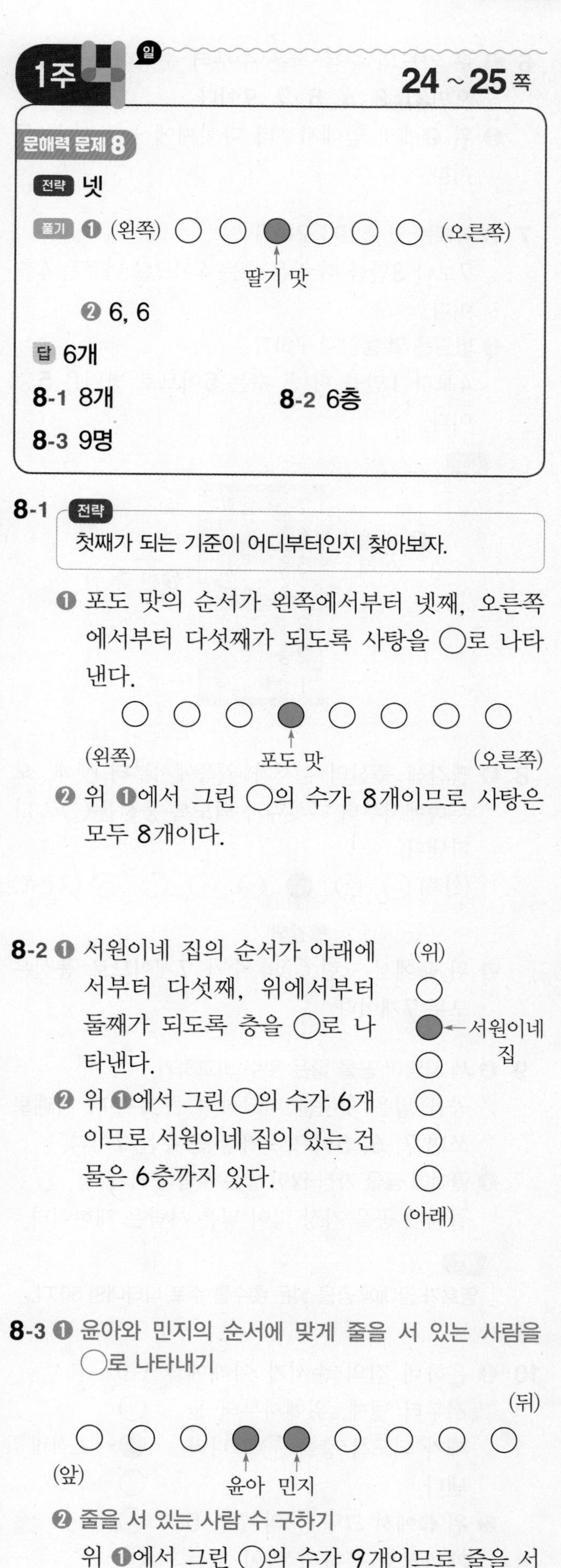

1주 4일 24 ~ 25 쪽

문해력 문제 8

전략 넷

풀기 ❶ (왼쪽) ○ ○ ● ○ ○ ○ (오른쪽)

딸기 맛

❷ 6, 6

답 6개

8-1 8개　　8-2 6층

8-3 9명

8-1 전략

첫째가 되는 기준이 어디부터인지 찾아보자.

❶ 포도 맛의 순서가 왼쪽에서부터 넷째, 오른쪽에서부터 다섯째가 되도록 사탕을 ○로 나타낸다.

○ ○ ○ ● ○ ○ ○ ○

(왼쪽)　포도 맛　(오른쪽)

❷ 위 ❶에서 그린 ○의 수가 8개이므로 사탕은 모두 8개이다.

8-2 ❶ 서원이네 집의 순서가 아래에서부터 다섯째, 위에서부터 둘째가 되도록 층을 ○로 나타낸다.

❷ 위 ❶에서 그린 ○의 수가 6개이므로 서원이네 집이 있는 건물은 6층까지 있다.

(위) ○ ● ○ ○ ○ ○ (아래)

←서원이네 집

8-3 ❶ 윤아와 민지의 순서에 맞게 줄을 서 있는 사람을 ○로 나타내기

(앞) ○ ○ ○ ● ● ○ ○ ○ ○ (뒤)

윤아 민지

❷ 줄을 서 있는 사람 수 구하기

위 ❶에서 그린 ○의 수가 9개이므로 줄을 서 있는 사람은 모두 9명이다.

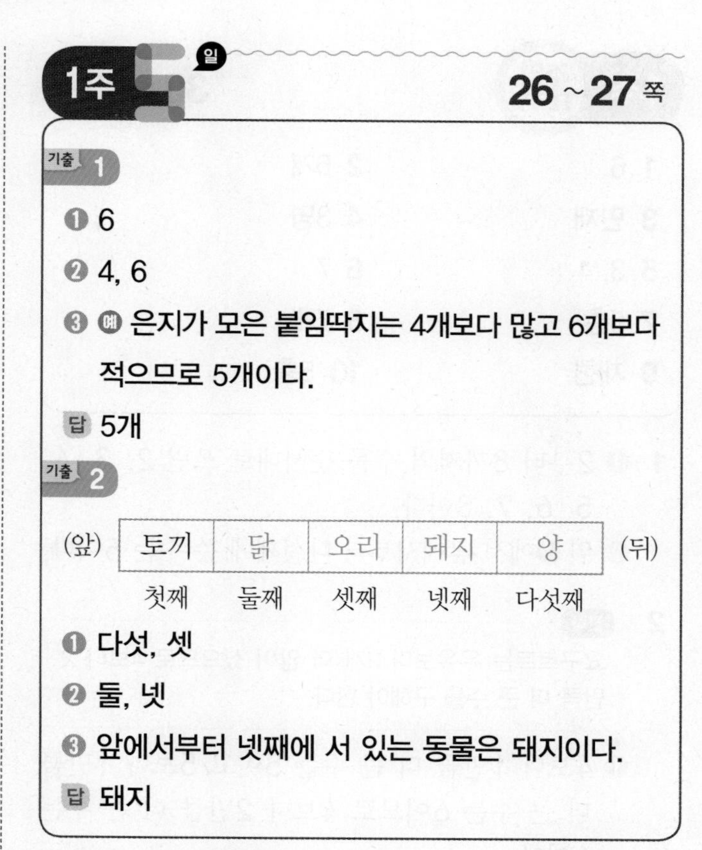

1주 5일 26 ~ 27 쪽

기출 1

❶ 6

❷ 4, 6

❸ 예 은지가 모은 붙임딱지는 4개보다 많고 6개보다 적으므로 5개이다.

답 5개

기출 2

(앞)	토끼	닭	오리	돼지	양	(뒤)
	첫째	둘째	셋째	넷째	다섯째	

❶ 다섯, 셋

❷ 둘, 넷

❸ 앞에서부터 넷째에 서 있는 동물은 돼지이다.

답 돼지

기출 1 4보다 크고 6보다 작은 수는 4와 6 사이의 수인 5이다.

기출 2 토끼가 맨 앞에 서 있으므로 토끼는 앞에서부터 첫째에 서 있다.

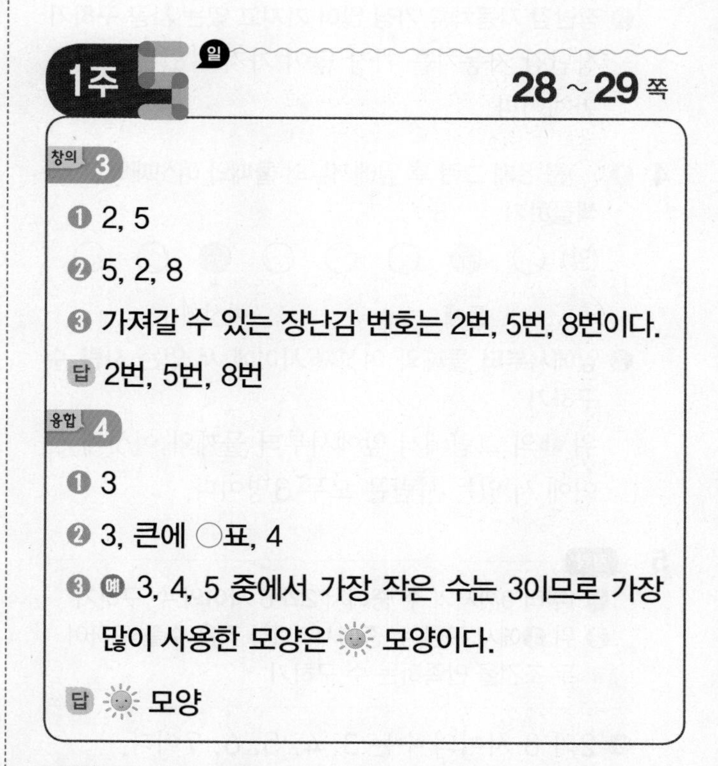

1주 5일 28 ~ 29 쪽

창의 3

❶ 2, 5

❷ 5, 2, 8

❸ 가져갈 수 있는 장난감 번호는 2번, 5번, 8번이다.

답 2번, 5번, 8번

융합 4

❶ 3

❷ 3, 큰에 ○표, 4

❸ 예 3, 4, 5 중에서 가장 작은 수는 3이므로 가장 많이 사용한 모양은 ☀ 모양이다.

답 ☀ 모양

융합 4 붙임딱지를 많이 사용할수록 적게 남으므로 남은 붙임딱지의 수가 가장 적은 모양을 구한다.

1주 주말 TEST 30 ~ 33쪽

1 6	2 6개
3 민재	4 3명
5 3, 4	6 7
7 5층	8 7개
9 재현	10 5층

1 ❶ 2부터 8까지의 수를 순서대로 쓰면 2, 3, 4, 5, 6, 7, 8이다.
❷ 위 ❶에서 앞에서부터 다섯째에 쓴 수는 6이다.

2 전략
요구르트는 우유보다 2개 더 많이 샀으므로 4보다 2만큼 더 큰 수를 구해야 한다.

❶ 4보다 1만큼 더 큰 수는 5이고 5보다 1만큼 더 큰 수는 6이므로 4보다 2만큼 더 큰 수는 6이다.
❷ 윤서는 요구르트를 6개 샀다.

3 ❶ 세 사람이 가지고 있는 장난감 자동차의 수 비교하기
장난감 자동차의 수를 비교하여 큰 수부터 차례로 쓰면 6, 5, 4이므로 가장 큰 수는 6이다.
❷ 장난감 자동차를 가장 많이 가지고 있는 사람 구하기
장난감 자동차를 가장 많이 가지고 있는 사람은 민재이다.

4 ❶ ◯를 8개 그린 후 앞에서부터 둘째와 여섯째의 ◯에 색칠하기
(앞) ○ ● ○ ○ ○ ● ○ ○
둘째 여섯째
❷ 앞에서부터 둘째와 여섯째 사이에 서 있는 사람 수 구하기
위 ❶의 그림에서 앞에서부터 둘째와 여섯째 사이에 서 있는 사람은 모두 3명이다.

5 전략
❶ 1부터 9까지의 수 중에서 2와 8 사이의 수 구하기
❷ 위 ❶에서 구한 수 중에서 5보다 작은 수를 구하여 두 조건을 만족하는 수 구하기

❶ 2와 8 사이의 수는 3, 4, 5, 6, 7이다.
❷ 위 ❶에서 구한 수 중에서 5보다 작은 수는 3, 4이므로 두 조건을 만족하는 수는 3, 4이다.

6 ❶ 수 카드의 수를 작은 수부터 순서대로 늘어놓으면 0, 3, 4, 5, 7, 9이다.
❷ 위 ❶에서 앞에서부터 다섯째에 놓인 수는 7이다.

7 ❶ 마트는 몇 층인지 구하기
7보다 3만큼 더 작은 수는 4이므로 마트는 4층이다.
❷ 병원은 몇 층인지 구하기
4보다 1만큼 더 큰 수는 5이므로 병원은 5층이다.

참고
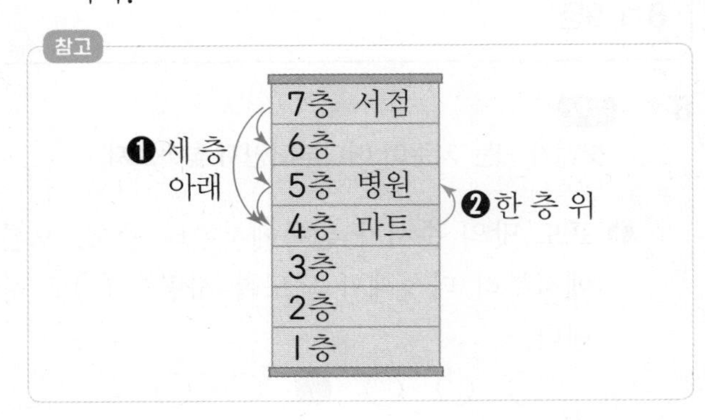

8 ❶ 빨간색 풍선의 순서가 왼쪽에서부터 셋째, 오른쪽에서부터 다섯째가 되도록 풍선을 ◯로 나타낸다.
(왼쪽) ○ ○ ● ○ ○ ○ ○ (오른쪽)
빨간색
❷ 위 ❶에서 그린 ◯의 수가 7개이므로 풍선은 모두 7개이다.

9 ❶ 세 사람이 공을 넣은 횟수 비교하기
공을 넣은 횟수를 비교하여 큰 수부터 차례로 쓰면 7, 6, 5이므로 가장 큰 수는 7이다.
❷ 골대에 공을 가장 많이 넣은 사람 구하기
골대에 공을 가장 많이 넣은 사람은 재현이다.

참고
영호가 골대에 공을 넣은 횟수를 수로 나타내면 5이다.

10 ❶ 은하네 집의 순서가 아래에서부터 넷째, 위에서부터 둘째가 되도록 층을 ◯로 나타낸다.
❷ 위 ❶에서 그린 ◯의 수가 5개이므로 은하네 집이 있는 건물은 5층까지 있다.

(위)
○
● ← 은하네 집
○
○
○
(아래)

2주 덧셈과 뺄셈

2주 준비학습 36 ~ 37 쪽

1 8 » 8 / 8　　2 6 » 3+3=6 / 6명
3 7 » 5+2=7 / 7마리
4 4 » 4 / 4　　5 5 » 6−1=5 / 5
6 3 » 5−2=3 / 3개　　7 4 » 8−4=4 / 4개

2 (남학생 수)+(여학생 수)=3+3=6(명)

3 (강아지의 수)+2=5+2=7(마리)

6 (처음 솜사탕의 수)−(먹은 솜사탕의 수)
=5−2=3(개)

7 (고추의 수)−4=8−4=4(개)

2주 준비학습 38 ~ 39 쪽

1 2+2=4 / 4권　　2 5−1=4 / 4개
3 4+3=7 / 7개　　4 6+3=9 / 9마리
5 7−2=5 / 5명　　6 3+2=5 / 5개
7 8−5=3 / 3개

1 (동화책의 수)+(위인전의 수)=2+2=4(권)

2 (서준이가 가지고 있던 귤의 수)
−(동생에게 준 귤의 수)
=5−1=4(개)

3 (현아가 먹은 떡의 수)+3=4+3=7(개)

4 (처음에 있던 나비의 수)+(더 날아온 나비의 수)
=6+3=9(마리)

5 (처음에 있던 학생 수)−(집으로 간 학생 수)
=7−2=5(명)

6 (왼손에 있는 구슬의 수)+(오른손에 있는 구슬의 수)
=3+2=5(개)

7 (전체 과자의 수)−(한 접시에 담은 과자의 수)
=8−5=3(개)

2주 1일 40 ~ 41 쪽

문해력 문제 1

풀기 ❶ 3, 2　　❷ 4

답 4가지

1-1 5가지　　1-2 3가지

1-3 2장

1-1 ❶

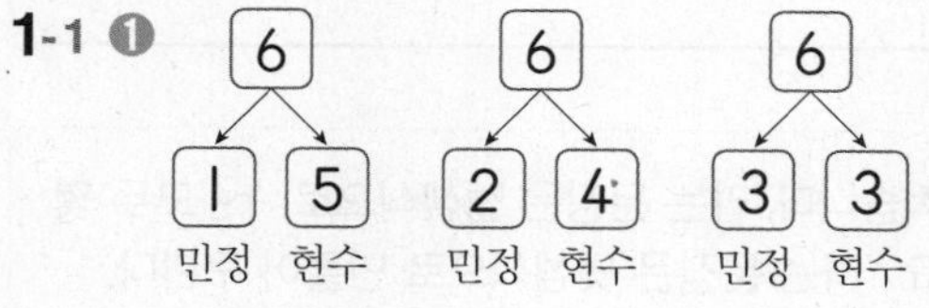

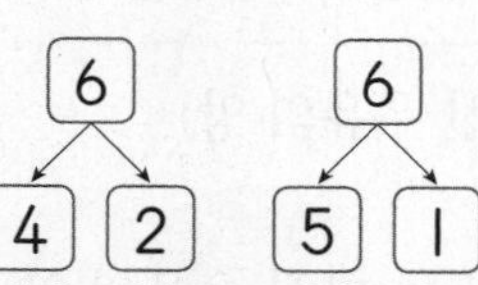

❷ 초콜릿을 나누어 가지는 방법은 모두 5가지이다.

1-2 ❶

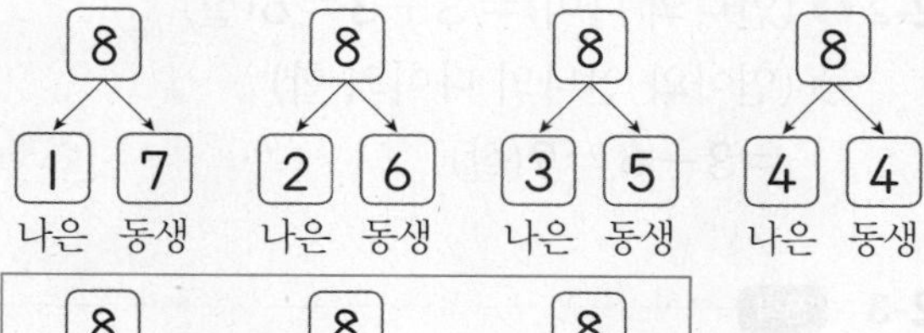

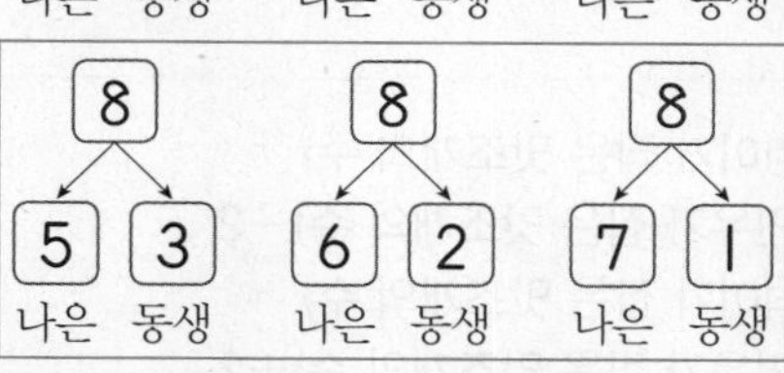

❷ 나은이가 동생보다 연필을 더 많이 가지는 방법은 모두 3가지이다.

주의

1과 7로 가르기 한 경우와 7과 1로 가르기 한 경우는 다른 방법이다.

1-3 ❶

❷ 지민이가 5장, 윤호가 2장 가질 때 지민이가 윤호보다 3장 더 많이 가지게 된다.

2주 1일 42 ~ 43쪽

문해력 문제 2

전략 —

풀기 ❶ 3 ❷ 3, 8

답 8개

2-1 7컵 **2-2** 9살

2-3 8개

2-1 전략

'~ 더 적습니다.'라는 문장은 뺄셈식으로, '~ 모두 몇 컵인가요?'라는 문장은 덧셈식으로 만들어 구한다.

❶ (효준이가 오늘 마신 우유의 양)
$=4-1=3$(컵)

❷ (효준이가 어제와 오늘 마신 우유의 양)
$=4+3=7$(컵)

2-2 ❶ (언니의 나이)$=3+3=6$(살)

❷ (연아와 언니의 나이의 합)
$=3+6=9$(살)

2-3 전략

❶ (수영이가 잡은 맛조개의 수)
=(민우가 잡은 맛조개의 수)−2
❷ (지석이가 잡은 맛조개의 수)
=(민우가 잡은 맛조개의 수)+2
❸ 수영이와 지석이가 잡은 맛조개 수의 합을 구한다.

❶ (수영이가 잡은 맛조개의 수)
$=4-2=2$(개)

❷ (지석이가 잡은 맛조개의 수)
$=4+2=6$(개)

❸ (수영이와 지석이가 잡은 맛조개의 수)
$=2+6=8$(개)

참고

문제를 읽고 알맞은 덧셈식 또는 뺄셈식을 만든다.
- 덧셈식(합)
  더 많습니다.
  모두 몇 개인가요?
- 뺄셈식(차)
  더 적습니다.
  남은 것은 몇 개인가요?
  몇 개 더 많은가요?

2주 2일 44 ~ 45쪽

문해력 문제 3

전략 —

풀기 ❶ 6, 5 / 8, 5 ❷ 5, 3

답 3장

3-1 3마리 **3-2** 4개

3-3 2개

3-1 ❶ 가장 많은 동물과 가장 적은 동물의 수 구하기
동물의 수를 큰 수부터 차례로 쓰면 6, 5, 3이므로 가장 많은 동물은 6마리, 가장 적은 동물은 3마리이다.

❷ 가장 많은 동물 수와 가장 적은 동물 수의 차 구하기
가장 많은 동물은 가장 적은 동물보다
$6-3=3$(마리) 더 많다.

주의

큰 수부터 차례로 썼을 때 맨 앞에 있는 수가 가장 크고, 맨 뒤에 있는 수가 가장 작다.
예 3, 7, 4, 1의 크기 비교
7 4 3 1
└→ 가장 큰 수 └→ 가장 작은 수

3-2 ❶ 가장 많이 딴 메달과 가장 적게 딴 메달의 수 구하기
메달의 수를 큰 수부터 차례로 쓰면 8, 5, 4이므로 가장 많이 딴 메달은 8개, 가장 적게 딴 메달은 4개이다.

❷ 가장 많이 딴 메달 수와 가장 적게 딴 메달 수의 차 구하기
가장 많이 딴 메달은 가장 적게 딴 메달보다
$8-4=4$(개) 더 많다.

3-3 ❶ 가장 많은 과일과 둘째로 많은 과일의 수 구하기
과일의 수를 큰 수부터 차례로 쓰면 9, 7, 4, 2이므로 가장 많은 과일은 9개, 둘째로 많은 과일은 7개이다.

❷ 가장 많은 과일 수와 둘째로 많은 과일 수의 차 구하기
가장 많은 과일은 둘째로 많은 과일보다
$9-7=2$(개) 더 많다.

2주 3일 46 ~ 47 쪽

문해력 문제 4

풀기 ❶ 작은에 ○표 / 작은에 ○표

❷ 5, 7 / 5 / 5, 7

답 7

4-1 5 **4-2** 9

4-3 7

4-1 ❶ 합이 가장 작은 덧셈식 만드는 방법 알아보기

합이 가장 작으려면 가장 작은 수와 둘째로 작은 수를 더해야 한다.

❷ 합이 가장 작은 덧셈식 만들기

수 카드의 수를 작은 수부터 차례로 쓰면 1, 4, 6, 9이므로 가장 작은 수는 1, 둘째로 작은 수는 4이다.

➔ 합이 가장 작은 덧셈식: $1+4=5$

4-2 ❶ 합이 가장 큰 덧셈식 만드는 방법 알아보기

합이 가장 크려면 가장 큰 수와 둘째로 큰 수를 더해야 한다.

❷ 합이 가장 큰 덧셈식 만들기

수 카드의 수를 큰 수부터 차례로 쓰면 6, 3, 2, 1이므로 가장 큰 수는 6, 둘째로 큰 수는 3이다.

➔ 합이 가장 큰 덧셈식: $6+3=9$

참고

1, 2, 3, 4로 덧셈식 만들기

• 합이 가장 큰 덧셈식	• 합이 가장 작은 덧셈식
➔ 4+3=7	➔ 1+2=3

4-3 ❶ 합이 가장 큰 덧셈식 만드는 방법 알아보기

합이 가장 크려면 가장 큰 수와 둘째로 큰 수를 더해야 한다.

❷ 합이 가장 큰 덧셈식 만들기

수 카드의 수를 큰 수부터 차례로 쓰면 5, 4, 2이므로 가장 큰 수는 5, 둘째로 큰 수는 4이다.

➔ 합이 가장 큰 덧셈식: $5+4=9$

❸ 9에서 사용하지 않은 수 2를 빼면 $9-2=7$이다.

2주 4일 48 ~ 49 쪽

문해력 문제 5

전략 + / −

풀기 ❶ 8 ❷ 8, 4

답 4명

5-1 2개 **5-2** 3개

5-3 3개

5-1 전략

❶ (처음에 있던 전체 풍선의 수)
=(노란색 풍선의 수)+(파란색 풍선의 수)

❷ (터진 풍선의 수)
=(처음에 있던 전체 풍선의 수)−(남은 풍선의 수)

❶ (처음에 있던 전체 풍선의 수)
$=3+4=7$(개)

❷ (터진 풍선의 수)$=7-5=2$(개)

5-2 전략

❶ (기철이가 먹고 남은 붕어빵의 수)
=(처음에 산 붕어빵의 수)−(먹은 붕어빵의 수)

❷ (동생에게 준 붕어빵의 수)
=(기철이가 먹고 남은 붕어빵의 수)
−(동생에게 주고 남은 붕어빵의 수)

❶ (기철이가 먹고 남은 붕어빵의 수)
$=6-1=5$(개)

❷ (동생에게 준 붕어빵의 수)
$=5-2=3$(개)

5-3 ❶ (처음에 있던 전체 사탕의 수)
$=5+4=9$(개)

❷ (유나와 태희가 먹은 사탕의 수)
$=9-3=6$(개)

❸ 유나가 먹은 사탕의 수 구하기

6을 똑같은 두 수로 가르면 3과 3이므로 유나가 먹은 사탕은 3개이다.

참고

• 6을 두 수로 가르는 경우

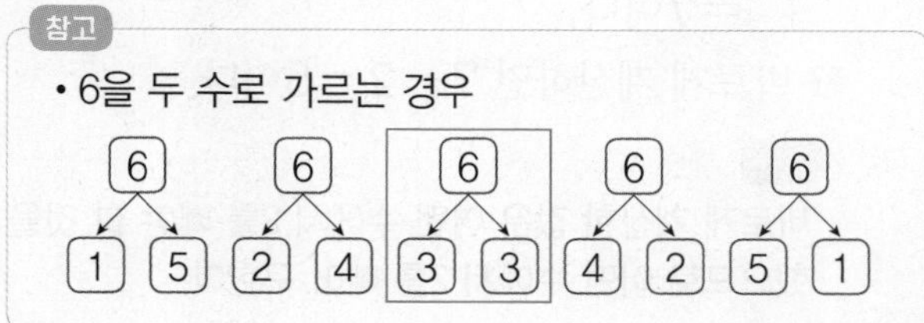

2주 3일 50 ~ 51 쪽

문해력 문제 6

풀기 ❶ 3 ❷ 5, 5 ❸ 5, 6

답 6개

6-1 4장 **6-2** 9

6-3 5

6-1 전략

현지가 처음에 가지고 있던 칭찬 붙임딱지의 수를 □장이라 하여 식을 만들고 □를 구한다.

❶ 현지가 처음에 가지고 있던 칭찬 붙임딱지의 수를 □장이라 하면 □+1=7이다.

❷ ❶을 이용하여 □ 구하기

1과 더해서 7이 되는 수는 6이므로 □=6이다.

❸ (시우가 가지고 있는 칭찬 붙임딱지의 수)

=6−2=4(장)

참고

지우는 현지가 처음에 가지고 있던 칭찬 붙임딱지의 수보다 2장 더 적게 가지고 있으므로 뺄셈식을 만들어 구한다.

6-2 ❶ 어떤 수를 □라 하여 식 만들기

어떤 수를 □라 하면 □−4=2이다.

❷ ❶을 이용하여 □ 구하기

4를 빼서 2가 되는 수는 6이므로 □=6이다.

❸ 어떤 수에 3을 더한 값 구하기

어떤 수에 3을 더하면 6+3=9이다.

6-3 ❶ 어떤 수를 □라 하면 잘못 계산한 식은 □+2=9이다.

❷ ❶을 이용하여 □ 구하기

2와 더해서 9가 되는 수는 7이므로 □=7이다.

❸ 바르게 계산하면 7−2=5이다.

주의

바르게 계산한 값은 어떤 수에서 2를 빼야 할 것을 더했으므로 어떤 수에서 2를 빼어 구한다.

2주 4일 52 ~ 53 쪽

문해력 문제 7

전략 − / +

풀기 ❶ 6 ❷ 2, 7

답 6개, 7개

7-1 5개, 6개 **7-2** 6개, 5개

7-3 3마리

7-1 ❶ (진호가 가지게 되는 종이비행기의 수)

=2+3=5(개)

❷ (명수가 가지게 되는 종이비행기의 수)

=9−3=6(개)

참고

받는 수만큼 더하고, 주는 수만큼 뺀다.

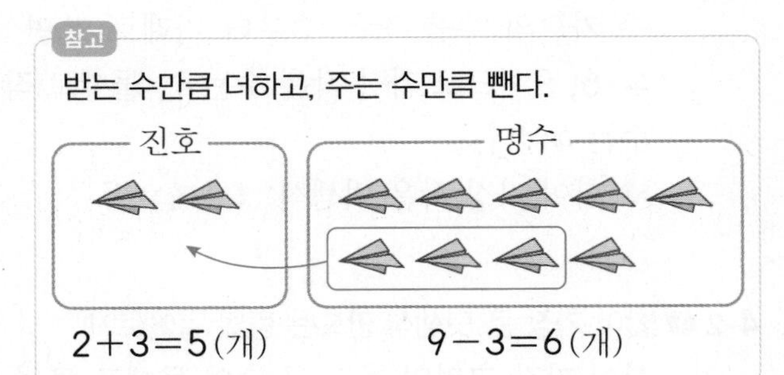

7-2 전략

은서가 미라에게 주사위를 받았으므로 은서의 주사위 수는 늘어나고, 미라의 주사위 수는 줄어듦을 이용한다.

❶ (은서가 가지게 되는 주사위의 수)

=4+2=6(개)

❷ (미라가 가지게 되는 주사위의 수)

=7−2=5(개)

참고

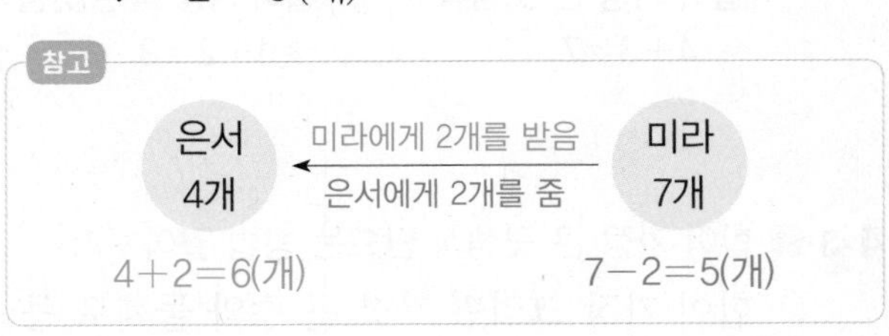

7-3 ❶ (연못 안에 있게 되는 오리의 수)

=8−1=7(마리)

❷ (연못 밖에 있게 되는 오리의 수)

=3+1=4(마리)

❸ 연못 안과 연못 밖에 있는 오리 수의 차 구하기

(오리 수의 차)=7−4=3(마리)

2주 4일 54 ~ 55 쪽

문해력 문제 8

전략 (왼쪽부터) ＋에 ○표 / －에 ○표

풀기 ❶ 4 ❷ 4, 8 ❸ 8

답 8명

8-1 6명 **8-2** 4개

8-3 3점

8-1 전략
지금의 수부터 한 단계씩 거꾸로 계산하여 처음의 수를 구한다.

❶ (6명이 더 타기 전 사람 수)
$=9-6=3$(명)

❷ (3명이 내리기 전 사람 수)
$=3+3=6$(명)

❸ (처음 버스에 타고 있던 사람 수)＝6명

참고

처음 버스에 탄 사람 수 ❷ － 3명 내림 ❶ ＋ 6명 탐 ＝ 9명

❶ (6명이 더 타기 전 사람 수)
＝(지금 버스에 타고 있는 사람 수)－6

❷ (3명이 내리기 전 사람 수)
＝(❶에서 구한 사람 수)＋3

8-2 ❶ (5개를 먹기 전 만두의 수)
$=2+5=7$(개)

❷ (3개를 더 구워 주시기 전 만두의 수)
$=7-3=4$(개)

❸ (처음 접시에 있던 만두의 수)＝4개

8-3 전략
❶ (게임에서 지기 전 점수)＝(지금 점수)＋1
❷ (게임에서 이기기 전 점수)
＝(❶에서 구한 점수)－3

❶ (게임에서 지기 전 점수)
$=5+1=6$(점)

❷ (게임에서 이기기 전 점수)
$=6-3=3$(점)

❸ (처음에 받은 기본 점수)＝3점

2주 5일 56 ~ 57 쪽

기출 1

❶ $1+7=8$(개)

❷ 8을 똑같은 두 수로 가르면 4와 4이므로 형의 팽이는 4개, 동생의 팽이는 4개이다.

❸ 4, 4, 3

답 3개

기출 2

❶ ㉠은 4와 1로 가를 수 있으므로 ㉠에 알맞은 수는 4와 1을 모은 수인 5이다.

❷ 9는 5와 4로 가를 수 있으므로 ㉡에 알맞은 수는 4이다.

❸ 4는 2와 2로 가를 수 있으므로 ㉢에 알맞은 수는 2이다.

답 2

2주 5일 58 ~ 59 쪽

융합 3

❶ 2, 3, 5, 7

❷ 큰 수부터 차례로 쓰면 7, 5, 3, 2이므로 가장 많이 나오는 계이름은 '솔'이고 7번 나온다.

❸ 계이름 '솔'은 '레'보다 $7-3=4$(번) 더 많이 나온다.

답 4번

창의 4

❶ 3, 3, 3, 3

❷ ㉠에 알맞은 수는 4에 3을 더한 수이므로 $4+3=7$이다.

❸ ㉡에 알맞은 수는 3을 더해서 5가 되는 수이므로 $5-3=2$이다.

답 7, 2

2주 주말 TEST 60 ~ 63쪽

1 3가지	2 8대
3 4개, 5개	4 8마리
5 6	6 3개
7 3개	8 2
9 9명	10 5개

1 ❶ 인형 4개를 두 사람이 나누어 가지는 경우 구하기

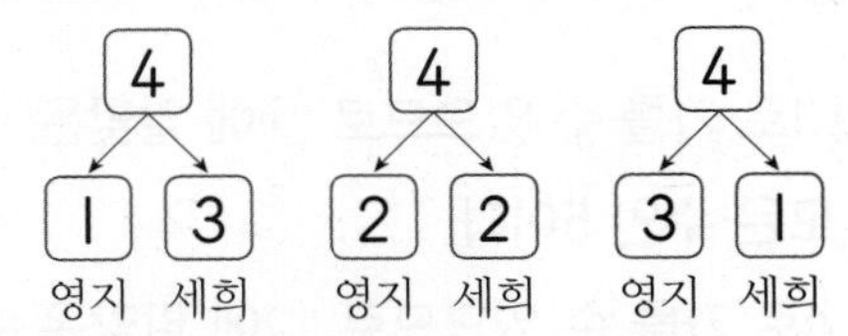

❷ 인형을 나누어 가지는 방법은 모두 3가지이다.

주의

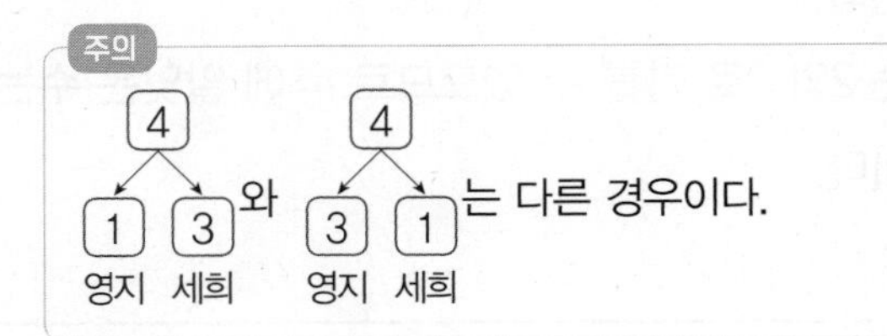

2 ❶ (검은색 자동차의 수)$=3+2=5$(대)
❷ (주차장에 있는 흰색과 검은색 자동차의 수)
$=3+5=8$(대)

3 ❶ (연주가 가지게 되는 젤리의 수)
$=6-2=4$(개)
❷ (가희가 가지게 되는 젤리의 수)
$=3+2=5$(개)

4 ❶ (울타리 밖에 있는 양의 수)
$=5-2=3$(마리)
❷ (울타리 안에 있는 양의 수)
+(울타리 밖에 있는 양의 수)
$=5+3=8$(마리)

5 ❶ 합이 가장 작은 덧셈식 만드는 방법 알아보기
합이 가장 작으려면 가장 작은 수와 둘째로 작은 수를 더해야 한다.
❷ 합이 가장 작은 덧셈식 만들기
수 카드의 수를 작은 수부터 차례로 쓰면 2, 4, 5, 7이므로 가장 작은 수는 2, 둘째로 작은 수는 4이다.
➡ 합이 가장 작은 덧셈식: $2+4=6$

6 ❶ 가장 많이 캔 채소와 가장 적게 캔 채소의 수 구하기
채소의 수를 작은 수부터 차례로 쓰면 4, 5, 7이므로 가장 많이 캔 채소는 7개, 가장 적게 캔 채소는 4개이다.
❷ 가장 많이 캔 채소 수와 가장 적게 캔 채소 수의 차 구하기
가장 많이 캔 채소는 가장 적게 캔 채소보다
$7-4=3$(개) 더 많다.

7 전략
❶ (처음에 있던 전체 과자의 수)
=(별 모양의 과자의 수)+(하트 모양의 과자의 수)
❷ (먹은 과자의 수)
=(처음에 있던 전체 과자의 수)−(남은 과자의 수)

❶ (처음에 있던 전체 과자의 수)
$=4+5=9$(개)
❷ (먹은 과자의 수)
$=9-6=3$(개)

8 ❶ 어떤 수를 □라 하면 □$+3=9$이다.
❷ ❶을 이용하여 □ 구하기
3과 더해서 9가 되는 수는 6이므로 □$=6$이다.
❸ 어떤 수에서 4를 빼면 $6-4=2$이다.

9 전략
❶ (3명이 더 타기 전 사람 수)
=(지금 기차 칸에 타고 있는 사람 수)−3
❷ (5명이 내리기 전 사람 수)
=(❶에서 구한 사람 수)+5

❶ (3명이 더 타기 전 사람 수)
$=7-3=4$(명)
❷ (5명이 내리기 전 사람 수)
$=4+5=9$(명)
❸ (처음 기차 칸에 타고 있던 사람 수)$=9$명

10 ❶ 성준이가 처음에 가지고 있던 지우개의 수를 □개라 하면 □$-3=4$이다.
❷ ❶을 이용하여 □ 구하기
3을 빼서 4가 되는 수는 7이므로 □$=7$이다.
❸ (민혜가 가지고 있는 지우개의 수)
$=7-2=5$(개)

3주 50까지의 수

3주 준비학습 66 ~ 67쪽

1 10 » 10　　2 3 » 3
3 11 » 11개　　4 7 » 7개
5 20 » 20개　　6 47 » 47개
7 33 » 33번　　8 31 » 윤하

3 5와 6을 모으면 11이다.
➜ 두 접시에 있는 과자를 모으면 모두 11개이다.

4 15는 8과 7로 가를 수 있다.
➜ 태민이가 가진 딱지는 7개이다.

7 수를 차례로 쓰면 32 - 33 - 34이다.
➜ 규민이의 사물함 번호는 33번이다.

8 28과 31의 수의 크기를 비교하면 31이 더 크다.
➜ 색종이를 더 많이 가지고 있는 사람은 윤하이다.

3주 준비학습 68 ~ 69쪽

1 10 / 10개
2 (위에서부터) 8, 4, 12 / 12개
3 (위에서부터) 17, 9, 8 / 8송이
4 30 / 30개　　5 26 / 26개
6 15 / 15층　　7 48 / 꿀떡

2 8과 4를 모으면 12이다.
➜ 저금통에 들어 있는 동전은 모두 12개이다.

3 17은 9와 8로 가를 수 있다.
➜ 튤립은 8송이이다.

5 한 통에 10개씩 2통: 20개 ┐
　　　날개 6개: 6개 ┘ 26개
➜ 지우개는 모두 26개이다.

7 42와 48의 수의 크기를 비교하면 48이 더 크다.
➜ 더 많이 판 떡은 꿀떡이다.

3주 1일 70 ~ 71쪽

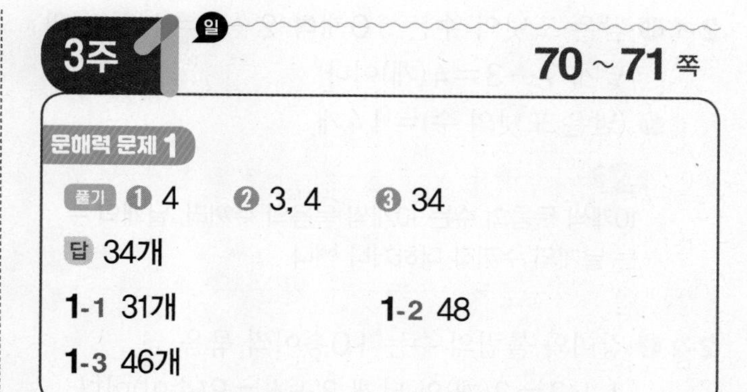

문해력 문제 1
풀기 ❶ 4　❷ 3, 4　❸ 34
답 34개
1-1 31개　　1-2 48
1-3 46개

1-1 ❶ 낱개 21개는 10개씩 2봉지와 낱개 1개와 같다.
❷ 귤은 모두 10개씩 1+2=3(봉지)와 낱개 1개와 같다.
❸ (귤의 수)=31개

참고
낱개 ●▲개
➜ 10개씩 묶음 ●개와 낱개 ▲개

1-2 ❶ 낱개 18개는 10개씩 묶음 1개와 낱개 8개와 같다.
❷ 나타내는 수는 10개씩 묶음 3+1=4(개)와 낱개 8개와 같다.
❸ (나타내는 수)=48

1-3 ❶ 낱개 25개는 10개씩 묶음 2개와 낱개 5개와 같다.
❷ 흰색 바둑돌은 모두 10개씩 묶음 2+2=4(개)와 낱개 5개와 같다.
➜ (흰색 바둑돌의 수)=45개
❸ 45보다 1만큼 더 큰 수는 46이므로 검은색 바둑돌은 46개이다.

3주 1일 72 ~ 73쪽

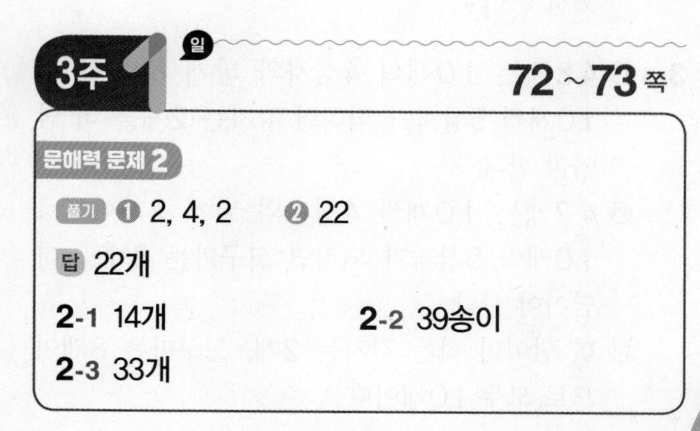

문해력 문제 2
풀기 ❶ 2, 4, 2　❷ 22
답 22개
2-1 14개　　2-2 39송이
2-3 33개

2-1 ❶ 남은 도넛의 수는 10개씩 2−1=1(상자)와 낱개 7−3=4(개)이다.
❷ (남은 도넛의 수)=14개

주의
10개씩 묶음의 수는 10개씩 묶음의 수끼리, 낱개의 수는 낱개의 수끼리 더하거나 뺀다.

2-2 ❶ 장미와 튤립의 수는 10송이씩 묶음 1+2=3(개)와 낱개 3+6=9(송이)이다.
❷ (장미와 튤립의 수)=39송이

2-3 ❶ 12개는 10개씩 묶음 1개와 낱개 2개이다.
❷ 남은 유리컵의 수는 10개씩 묶음 4−1=3(개)와 낱개 5−2=3(개)이다.
❸ (남은 유리컵의 수)=33개

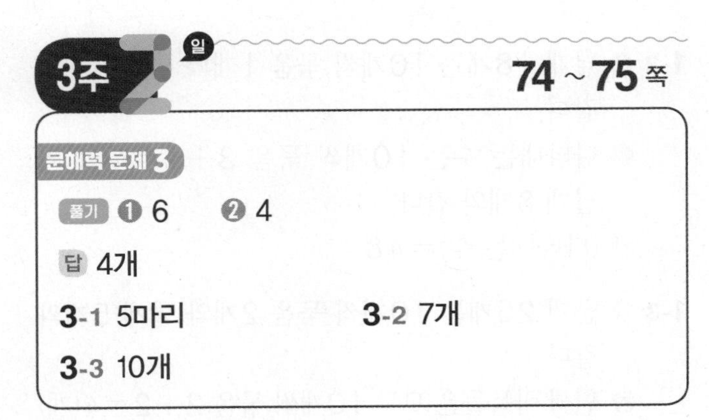

문해력 문제 3
풀기 ❶ 6 ❷ 4
답 4개
3-1 5마리 **3-2** 7개
3-3 10개

3-1 ❶ 15마리는 10마리씩 1줄과 낱개 5마리이다.
❷ 10마리씩 2줄이 되려면 낱개의 수가 10마리가 되어야 하므로 조기가 5마리 더 있어야 한다.

3-2 ❶ 33개는 10개씩 묶음 3개와 낱개 3개이다.
❷ 10개씩 묶음 4개가 되려면 낱개의 수가 10개가 되어야 하므로 영지는 마스크를 7개 더 가져야 한다.

3-3 ❶ 48개는 10개씩 4상자와 낱개 8개이므로 10개씩 5상자가 되려면 감자는 2개를 더 담아야 한다.
❷ 42개는 10개씩 4상자와 낱개 2개이므로 10개씩 5상자가 되려면 고구마는 8개를 더 담아야 한다.
❸ 더 담아야 하는 감자는 2개, 고구마는 8개이므로 모두 10개이다.

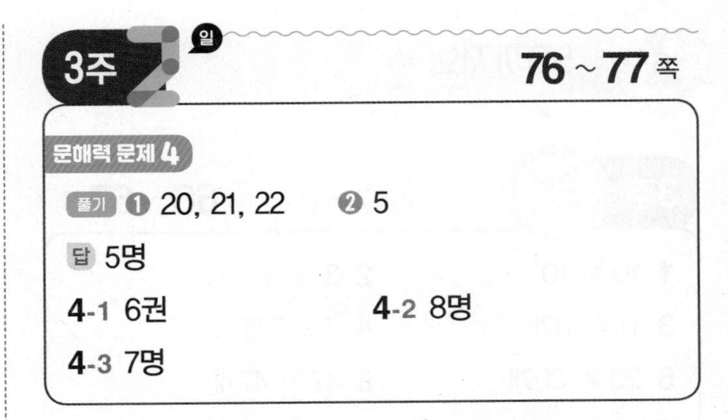

문해력 문제 4
풀기 ❶ 20, 21, 22 ❷ 5
답 5명
4-1 6권 **4-2** 8명
4-3 7명

4-1 ❶ 24와 31 사이의 수는 25, 26, 27, 28, 29, 30이다.
❷ 24번과 31번 사이에 꽂혀 있는 책은 모두 6권이다.

주의
■와 ▲ 사이의 수에는 ■와 ▲가 포함되지 않으므로 주의한다.

4-2 ❶ 서른여섯은 36이고, 마흔다섯은 45이므로 36과 45 사이의 수는 37, 38, 39, 40, 41, 42, 43, 44이다.
❷ 지원이와 승우 사이에 서 있는 학생은 모두 8명이다.

참고
수는 두 가지 방법으로 읽을 수 있다.
예 36 → 삼십육, 서른 여섯
45 → 사십오, 마흔 다섯

4-3 전략
민지는 '앞에서부터' 세었고, 성호는 '뒤에서부터' 세었으므로 기준을 '앞에서부터'로 같게 나타내어 문제를 해결한다.

❶ 성호가 앞에서부터 몇 번째에 서 있는지 알아보기
성호는 뒤에서부터 3번째에 서 있으므로 40부터 거꾸로 3개의 수를 쓰면 40, 39, 38이다.
따라서 성호는 앞에서부터 38번째에 서 있다.
❷ 민지와 성호의 순서 사이에 있는 수 구하기
30과 38 사이의 수는 31, 32, 33, 34, 35, 36, 37이다.
❸ 민지와 성호 사이에 서 있는 학생 수 구하기
민지와 성호 사이에 서 있는 학생은 모두 7명이다.

3주 3일 78 ~ 79쪽

문해력 문제 5

풀기 ❶ 12, 12 ❷ (왼쪽부터) 6, 6 / 6

답 6개

5-1 8개 5-2 9개

5-3 7개

5-1 ❶ 9와 7을 모으면 16이므로 두 봉지에 들어 있는 사탕은 모두 16개이다.

❷ 16 → 8, 8 ➜ 한 사람이 가질 수 있는 사탕은 8개이다.

5-2 ❶ 8과 10을 모으면 18이므로 두 접시에 담긴 체리는 모두 18개이다.

❷ 18 → 9, 9 ➜ 한 사람이 먹을 수 있는 체리는 9개이다.

5-3 ❶ 전체 인형의 수 구하기

6과 9를 모으면 15이므로 전체 인형은 모두 15개이다.

❷ 두 사람이 나누어 가진 인형의 수 구하기

인형 1개가 남았으므로 두 사람이 나누어 가진 인형은 15보다 1만큼 더 작은 수인 14개이다.

❸ 위 ❷에서 구한 인형의 수를 똑같은 두 수로 가르기하여 한 사람이 가진 인형의 수 구하기

14 → 7, 7 ➜ 한 사람이 가진 인형은 7개이다.

3주 3일 80 ~ 81쪽

문해력 문제 6

전략 큰에 ○표, 큰에 ○표

풀기 ❶ 2, 1 ❷ 2, 42

답 42

6-1 31 6-2 25

6-3 41

6-1 ❶ 수 카드의 수를 큰 수부터 차례로 쓰면 3, 1, 0이다.

❷ 10개씩 묶음의 수는 3으로 하고, 낱개의 수는 1로 하여 수를 만든다.

➜ 만들 수 있는 가장 큰 수: 31

6-2 ❶ 수 카드의 수를 작은 수부터 차례로 쓰면 2, 5, 7이다.

❷ 10개씩 묶음의 수는 2로 하고, 낱개의 수는 5로 하여 수를 만든다.

➜ 만들 수 있는 가장 작은 수: 25

6-3 ❶ 수 카드의 수를 큰 수부터 차례로 쓰면 4, 3, 1, 0이다.

❷ 10개씩 묶음의 수는 4로 하고, 낱개의 수는 3으로 하여 수를 만든다.

➜ 만들 수 있는 가장 큰 수: 43

❸ 만들 수 있는 두 번째로 큰 수: 41

참고

만들 수 있는 가장 큰 수는 43이므로 만들 수 있는 두 번째로 큰 수는 낱개의 수를 3 다음으로 큰 수인 1로 바꾼다. ➜ 두 번째로 큰 수: 41

3주 4일 82 ~ 83쪽

문해력 문제 7

풀기 ❶ 9, 19 ❷ 34, 민국

답 민국

7-1 위인전 7-2 어머니

7-3 야구공

7-1 ❶ 만화책의 수: 10권씩 묶음 3개와 낱권 6권 ➜ 36권

❷ 27, 43, 36 중 가장 큰 수는 43이다.

➜ 가장 많은 책: 위인전

7-2 ❶ 어머니의 나이: 서른다섯 살 ➜ 35살

고모의 나이: 서른일곱 살 ➜ 37살

❷ 38, 35, 37 중 가장 작은 수는 35이다.

➜ 나이가 가장 적은 사람: 어머니

7-3 ❶ 축구공의 수: 19보다 1만큼 더 큰 수 ➔ 20개
농구공의 수: 열다섯 개 ➔ 15개
야구공의 수: 23개
❷ 20, 15, 23 중 가장 큰 수는 23이다.
➔ 가장 많은 공: 야구공

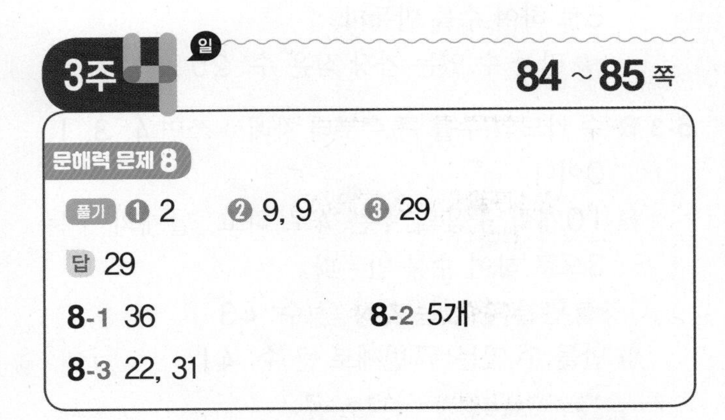

3주 4일 84 ~ 85 쪽

문해력 문제 8
풀기 ❶ 2 ❷ 9, 9 ❸ 29
답 29

8-1 36 8-2 5개
8-3 22, 31

8-1 ❶ 30과 40 사이의 수는 10개씩 묶음의 수가 3이다.
❷ 3과 3으로 가를 수 있는 수는 6이므로 낱개의 수는 6이다.
❸ 설명을 모두 만족하는 수:
10개씩 묶음 3개와 낱개 6개인 수이므로 36이다.

8-2 ❶ 40과 50 사이의 수는 10개씩 묶음의 수가 4이다.
❷ 낱개의 수는 4보다 커야 하므로 낱개의 수가 될 수 있는 수는 5, 6, 7, 8, 9이다.
❸ 설명을 모두 만족하는 수:
45, 46, 47, 48, 49이므로 5개이다.

8-3 ❶ 20과 40 사이의 수는 10개씩 묶음의 수가 2이거나 3이다.
❷ 10개씩 묶음의 수가 2일 때 낱개의 수가 될 수 있는 수는 2이고,
10개씩 묶음의 수가 3일 때 낱개의 수가 될 수 있는 수는 1이다.
❸ 설명을 모두 만족하는 수: 22, 31

주의
10개씩 묶음의 수에 따라 낱개의 수가 될 수 있는 수가 달라짐에 주의한다.

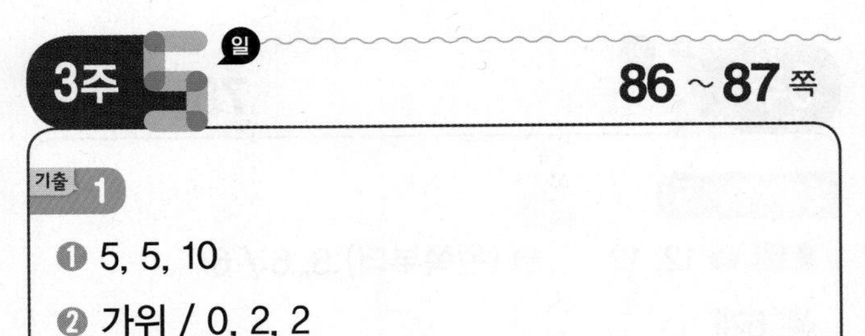

3주 5일 86 ~ 87 쪽

기출 1
❶ 5, 5, 10
❷ 가위 / 0, 2, 2
❸ 예 10과 2를 모으면 12이므로 둘째 판까지 두 사람이 펼친 손가락은 모두 12개이다.
답 12개

기출 2
❶ 4 / 4, 4 ❷ 2 / 2, 2
답 연필의 수: 4, 지우개의 수: 2

기출 1
참고
가위바위보에서 이긴 사람이 낸 것을 알면 진 사람이 낸 것도 알 수 있다.

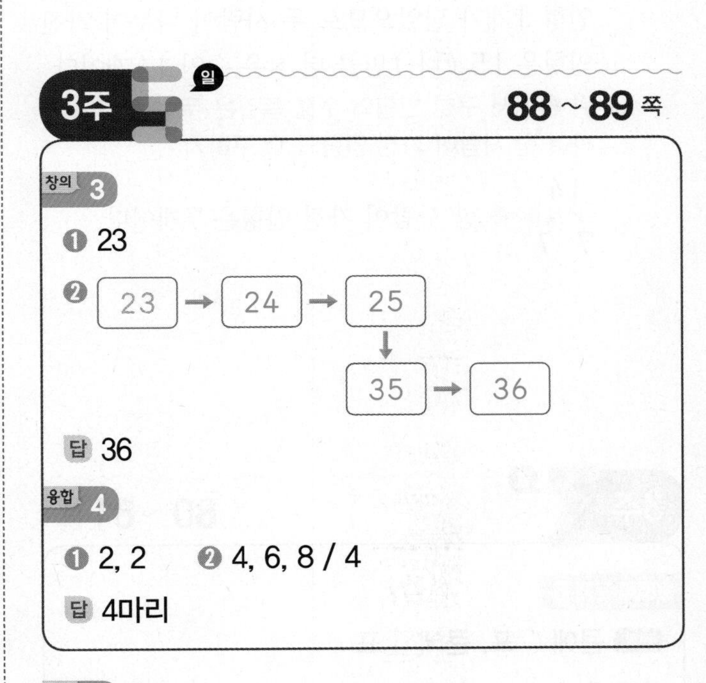

3주 5일 88 ~ 89 쪽

창의 3
❶ 23
❷ 23 → 24 → 25 → 35 → 36
답 36

융합 4
❶ 2, 2 ❷ 4, 6, 8 / 4
답 4마리

창의 3
참고
1만큼 더 큰 수는 낱개의 수가 1만큼 더 큰 수이고, 10만큼 더 큰 수는 10개씩 묶음의 수가 1만큼 더 큰 수이다.

3주 주말 TEST 90 ~ 93 쪽

1 46개	2 5개
3 12병	4 27권
5 7명	6 7개
7 43	8 혜지
9 44	10 24

1 전략
낱개의 수가 10개가 넘으면 10개씩 묶음 몇 개와 낱개 몇 개로 나타내자.

❶ 낱개 26개는 10개씩 2상자와 낱개 6개와 같다.
❷ 장난감 블록은 모두 10개씩 2+2=4(상자)와 낱개 6개와 같다.
❸ (장난감 블록의 수)=46개

2 ❶ 35개는 10개씩 3상자와 낱개 5개이다.
❷ 10개씩 4상자가 되려면 낱개의 수가 10개가 되어야 하므로 복숭아는 5개 더 있어야 한다.

3 ❶ 남은 두유의 수는 10병씩 4−3=1(상자)와 낱개 4−2=2(병)이다.
❷ (남은 두유의 수)=12병

4 ❶ 공책의 수는 10권씩 묶음 1+1=2(개)와 낱권 6+1=7(권)이다.
❷ (공책의 수)=27권

5 ❶ 19와 27 사이의 수는 20, 21, 22, 23, 24, 25, 26이다.
❷ 19번과 27번 사이에 서 있는 학생은 모두 7명이다.

6 ❶ 두 접시에 놓여 있는 초콜릿의 수 구하기
6과 8을 모으면 14이므로 두 접시에 놓여 있는 초콜릿은 모두 14개이다.
❷ 위 ❶에서 구한 수를 똑같은 두 수로 가르기
14 → 7, 7 ➜ 한 사람이 먹을 수 있는 초콜릿은 7개이다.

참고
14를 두 수로 가르기

7 ❶ 수 카드의 수를 큰 수부터 차례로 쓰면 4, 3, 2이다.
❷ 10개씩 묶음의 수는 4로 하고, 낱개의 수는 3으로 하여 수를 만든다.
➜ 만들 수 있는 가장 큰 수: 43

8 ❶ 혜지가 접은 종이학의 수:
10개씩 묶음 4개와 낱개 7개 ➜ 47개
❷ 37, 42, 47 중 가장 큰 수는 47이다.
➜ 종이학을 가장 많이 접은 사람: 혜지

9 ❶ 40과 50 사이의 수는 10개씩 묶음의 수가 4이다.
❷ 10개씩 묶음의 수와 낱개의 수는 같으므로 낱개의 수는 4이다.
❸ 설명을 모두 만족하는 수: 10개씩 묶음 4개와 낱개 4개인 수이므로 44이다.

다르게 풀기
❶ 40과 50 사이의 수: 41, 42, 43, 44, 45, 46, 47, 48, 49
❷ 위 ❶에서 구한 수 중에서 10개씩 묶음의 수와 낱개의 수가 같은 수는 44이다.

10 ❶ 수 카드의 수를 작은 수부터 차례로 쓰면 2, 4, 6, 9이다.
❷ 10개씩 묶음의 수는 2로 하고, 낱개의 수는 4로 하여 수를 만든다.
➜ 만들 수 있는 가장 작은 수: 24

4주 비교하기

4주 준비학습 96 ~ 97쪽

1 (　) » 예 깁니다.
(○)
2 (○)(　) » 서진
3 (△)(　) » 가
4 (○)(　) » 민주
5 (　)(○) » 아파트
6 (○)(　) » 대야

1 왼쪽 끝이 맞추어져 있으므로 오른쪽 끝을 비교하면 치약은 칫솔보다 더 길다.

2 시소는 더 무거운 쪽으로 내려가므로 서진이는 주희보다 더 무겁다.

3 겹쳐 보았을 때 가 접시가 더 좁으므로 가 접시가 위쪽에 있다.

4 그릇의 크기가 더 큰 것이 담을 수 있는 양이 더 많다.

5 아래쪽이 맞추어져 있으므로 위쪽을 비교하면 빌딩보다 더 높은 건물은 아파트이다.

6 양동이에 가득 담긴 물을 넘치지 않게 모두 옮겨 담을 수 있는 그릇은 양동이보다 물을 더 많이 담을 수 있는 대야이다.

4주 준비학습 98 ~ 99쪽

1 가	2 비글
3 커피 잔	4 해바라기
5 오이	6 가

1 왼쪽 끝이 맞추어져 있으므로 오른쪽 끝을 비교하면 선아의 발보다 더 긴 운동화는 가이다.

2 비글은 치와와보다 더 무겁다.

3 주전자보다 담을 수 있는 양이 더 적은 그릇에 물을 모두 옮겨 담으면 흘러 넘친다.

4 아래쪽이 맞추어져 있으므로 위쪽을 비교하면 해바라기의 키가 가장 크다.

5 수박이 가장 무겁고 오이가 가장 가볍다.
따라서 연준이가 든 채소는 오이이다.

6 풍경 사진보다 더 넓은 액자는 가이다.

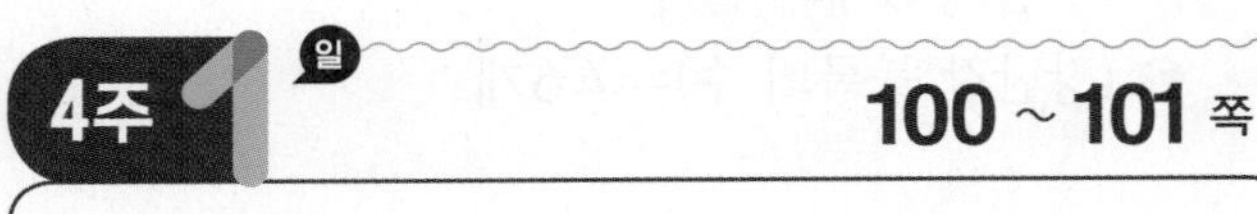
참고
사진을 끼우려면 액자가 사진보다 더 넓어야 한다.

4주 1일 100 ~ 101쪽

문해력 문제 1

전략 많은에 ○표

풀기 ❶ 7, 민성 ❷ 민성

답 민성

1-1 현무

1-2 파란색 블록

1-3 목걸이

1-1 ❶ 현무가 쌓은 나무 블록은 8개, 나래가 쌓은 나무 블록은 4개이므로 쌓은 나무 블록이 더 많은 사람은 현무이다.
❷ 쌓은 나무 블록의 높이가 더 높은 사람은 현무이다.

1-2 ❶ 성현이가 쌓은 빨간색 블록은 9개, 파란색 블록은 6개이므로 더 적게 쌓은 블록은 파란색 블록이다.
❷ 쌓은 높이가 더 낮은 것은 파란색 블록이다.

1-3 ❶ 팔찌를 담은 상자는 14개, 목걸이를 담은 상자는 17개, 반지를 담은 상자는 11개이므로 가장 높이 쌓은 상자는 목걸이를 담은 상자이다.
❷ 목걸이를 담은 상자를 쌓은 높이가 가장 높으므로 가장 많이 주문 받은 물건은 목걸이이다.

4주 1일 102 ~ 103 쪽

문해력 문제 2

풀기 ❶ 단풍, 은행 ❷ 은행

답 은행나무

2-1 그네 **2-2** 포크

2-3 주원

2-1 전략

문제의 조건을 그림으로 나타내 해결한다. 이때 비교하여 설명하는 문장에서 중복되는 것을 기준으로 정해 둘씩 비교하여 그림을 그린다.

❶

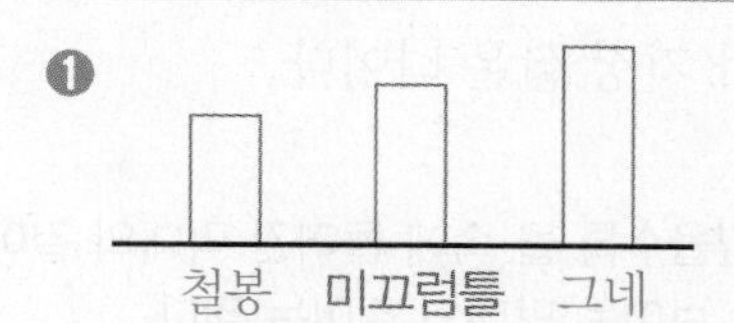

❷ 가장 높은 것은 그네이다.

2-2 ❶

포크
젓가락
숟가락

❷ 길이가 가장 짧은 것은 포크이다.

2-3 ❶ 세 사람의 위치를 그림으로 나타내기

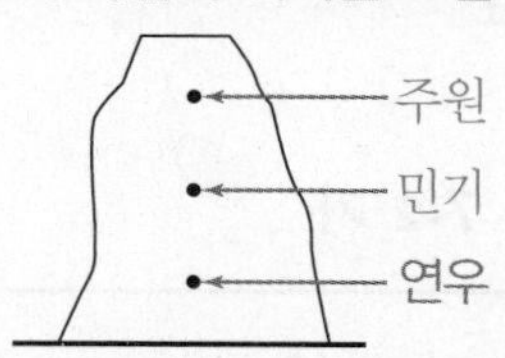

❷ 가장 높은 곳에 있는 사람 구하기

가장 높은 곳에 있는 사람은 주원이다.

4주 2일 104 ~ 105 쪽

문해력 문제 3

전략 적은에 ○표

풀기 ❶ 적다에 ○표 ❷ 주아

답 주아

3-1 연중 **3-2** 성현

3-3 혜수, 민아, 효진

3-1 ❶ 남은 보리차의 양을 비교하면 연중이가 수연이보다 더 적다.

❷ 보리차를 더 많이 마신 사람은 연중이다.

3-2 ❶ 남은 우유의 양을 비교하면 성현이가 종국이보다 더 적다.

❷ 우유를 더 많이 마신 사람은 성현이다.

3-3 ❶ 그릇에 남은 물의 양은 혜수가 가장 많고, 효진이가 가장 적다.

❷ 물을 가장 적게 흘린 사람은 그릇에 남은 물의 양이 가장 많은 혜수이고, 가장 많이 흘린 사람은 그릇에 남은 물의 양이 가장 적은 효진이다.

따라서 물을 적게 흘린 사람부터 순서대로 이름을 쓰면 혜수, 민아, 효진이다.

4주 2일 106 ~ 107 쪽

문해력 문제 4

전략 많은에 ○표

풀기 ❶ 7, 10, ㉡ ❷ ㉡

답 ㉡ 항아리

4-1 ㉠ 물병 **4-2** 욕조

4-3 양동이

4-1 ❶ ㉠ 물병에 6번, ㉡ 물병에 4번 부었으므로 물을 부은 횟수가 더 많은 물병은 ㉠ 물병이다.

❷ 물을 더 많이 담을 수 있는 물병은 ㉠ 물병이다.

4-2 ❶ 욕조는 바가지로 9번, 대야는 바가지로 5번 퍼냈으므로 물을 퍼낸 횟수가 더 많은 것은 욕조이다.

❷ 물을 더 많이 담을 수 있는 것은 욕조이다.

4-3 ❶ 양동이로 8번, 주전자로 12번 부었으므로 물을 부은 횟수가 더 적은 것은 양동이이다.

❷ 담을 수 있는 양이 더 많은 것은 양동이이다.

참고

서로 다른 그릇으로 각각 똑같은 어항에 물을 가득 채울 때 물을 부은 횟수가 더 적은 그릇이 담을 수 있는 양이 더 많다.

4주 3일 108 ~ 109 쪽

문해력 문제 5

전략 많은에 ○표

풀기 ❶ 3, 2 ❷ 3, 나

답 나

5-1 가 5-2 나 5-3 나

5-1 ❶ 파란색 부분은 가: 4칸, 나: 2칸, 다: 3칸이다.
❷ 4, 2, 3 중에서 가장 큰 수는 4이므로 파란색 부분이 가장 넓은 연은 가이다.

5-2 ❶ 꽃을 심은 부분은 가: 7칸, 나: 8칸, 다: 5칸이다.
❷ 7, 8, 5 중에서 가장 큰 수는 8이므로 꽃을 심은 부분이 가장 넓은 화단은 나이다.

5-3 ❶ 가는 4칸, 나는 2칸, 다는 3칸을 남겨놓고 콩을 심은 부분을 색칠하면 다음과 같다.

예 가 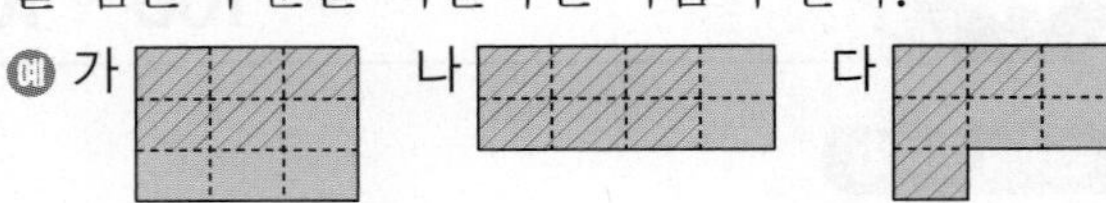 나 다 

색칠한 칸은 가: 5칸, 나: 6칸, 다: 4칸이다.
❷ 5, 6, 4 중에서 가장 큰 수는 6이므로 콩을 심은 부분이 가장 넓은 밭은 나이다.

다르게 풀기

❶ 콩을 심은 부분이
가: 9칸 중 4칸을 제외한 나머지 ➜ 5칸
나: 8칸 중 2칸을 제외한 나머지 ➜ 6칸
다: 7칸 중 3칸을 제외한 나머지 ➜ 4칸
❷ 5, 6, 4 중에서 가장 큰 수는 6이므로 콩을 심은 부분이 가장 넓은 밭은 나이다.

4주 3일 110 ~ 111 쪽

문해력 문제 6

풀기 ❶ 3, 1 ❷ 3

답 3등

6-1 에어컨 6-2 창정

6-3 나

6-1 ❶ 전자제품 위쪽 끝을 기준선으로 하여 아래쪽 끝까지의 길이를 비교하면 에어컨, 세탁기, 청소기의 순서대로 길이가 길다.
❷ 높이가 가장 높은 제품은 에어컨이다.

6-2 ❶ 머리끝을 기준선으로 하여 발끝까지의 길이를 비교하면 현도, 창정, 진서의 순서대로 길이가 길다.
❷ 키가 둘째로 큰 친구는 창정이다.

6-3 ❶ 세운 막대의 길이가 같으므로 강물의 바닥이 깊을수록 물 위에 보이는 막대의 길이는 짧아진다.
❷ 강물의 바닥이 가장 깊은 곳은 물 위에 보이는 막대의 길이가 가장 짧은 나이다.

주의

강물의 바닥이 깊을수록 물 속에 들어간 막대의 길이는 길고, 물 위에 보이는 막대의 길이는 짧다.

4주 4일 112 ~ 113 쪽

문해력 문제 7

풀기 ❶ 4 ❷ 크레파스 4자루에 ○표

❸ 크레파스 1자루에 ○표

답 크레파스

7-1 가위 7-2 가

7-1 전략

개수가 다르지만 무게가 같은 경우 양쪽의 개수를 같게 만들어 1개의 무게를 비교한다.

❶ 자 2개를 빼서 가위와 자가 각각 3개씩 되게 만들면
❷ 가위 3개가 더 무거우므로
❸ 가위 1개가 더 무겁다.

7-2 ❶ 나 필통에서 연필 2자루를 꺼내 두 필통 모두 연필이 2자루씩 있도록 만들면
❷ 가 필통에서는 하나도 꺼낸 것이 없으므로 연필 2자루가 들어 있는 가 필통이 더 무겁다.
❸ 연필이 2자루씩 들어 있는 두 필통 중 가 필통이 더 무거우므로 연필을 모두 꺼내도 가 필통이 더 무겁다.

4주 4일 114 ~ 115쪽

문해력 문제 8

전략 큰에 ○표

풀기 ❶ 나, 다, 가 ❷ 나

답 나

8-1 가 8-2 다

8-3 가

8-1 ❶ 그릇의 크기가 큰 것부터 순서대로 쓰면 가, 다, 나이다.

❷ 물의 높이가 같으므로 물이 가장 많이 들어 있는 그릇은 가이다.

8-2 ❶ 가와 나를 비교해 보면 그릇의 크기가 더 큰 나에 물이 더 많이 들어 있다.
나와 다를 비교해 보면 물의 높이가 더 높은 다에 물이 더 많이 들어 있다.

❷ 물이 가장 많이 들어 있는 그릇은 다이다.

8-3 ❶ 물의 높이가 같으므로 컵의 크기가 더 작은 가의 컵에 부은 물의 양이 더 적다.

❷ 컵에 부은 물의 양이 적으면 주전자에 남은 물의 양이 많다. 따라서 주전자에 남은 물의 양이 더 많은 것은 가이다.

4주 5일 116 ~ 117쪽

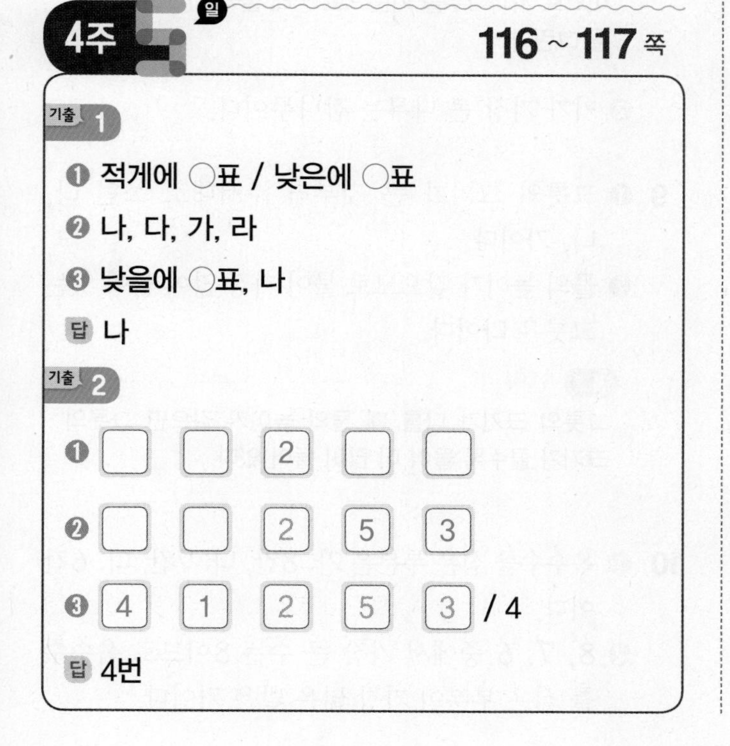

기출 1

❶ 적게에 ○표 / 낮은에 ○표

❷ 나, 다, 가, 라

❸ 낮을에 ○표, 나

답 나

기출 2

❶ □ □ 2 □ □

❷ □ □ 2 5 3

❸ 4 1 2 5 3 / 4

답 4번

기출 2

❶ 왼쪽부터 길이가 짧은 막대를 놓을 때 2번 막대보다 긴 막대와 짧은 막대의 개수가 같으므로 2번 막대는 가운데에 놓인다.

참고
왼쪽부터 길이가 짧은 막대를 놓을 때 길이가 길수록 오른쪽에 놓인다.

4주 5일 118 ~ 119쪽

창의 3

❶ 1 ❷ 2 / 2, 5

❸ 예 5칸이 4칸보다 더 높으므로 물이 더 많이 들어 있는 비커는 나이다.

답 나

융합 4

❶

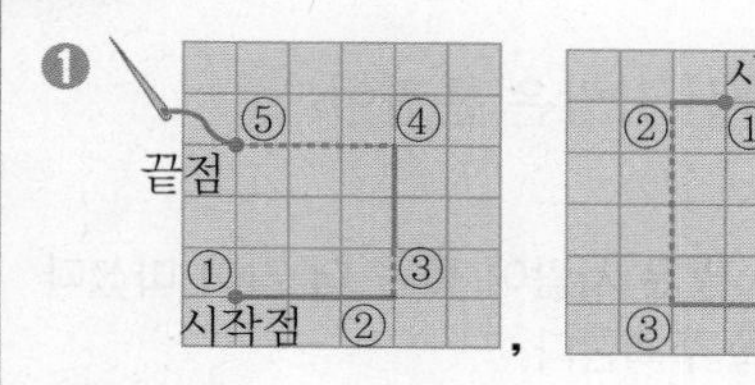

❷ 9, 10

❸ 예 10이 9보다 더 크므로 사용한 실의 길이가 더 긴 것은 초록색 실이다.

답 초록색 실

창의 3

❶ 추 한 개를 넣었더니 물의 높이가 비커의 눈금 3칸에서 4칸으로 높아졌다.
➔ 추 한 개를 넣으면 비커의 눈금이 $4-3=1$(칸) 높아진다.

❷ 추 2개를 넣은 비커 나의 물의 높이는 눈금 7칸이다. 추 2개를 빼면 눈금이 2칸 낮아지므로 비커 나에 들어 있는 물의 높이는 $7-2=5$(칸)이다.

융합 4

전략
바늘이 천의 뒷면을 지나간 곳을 점선으로 그려 실이 지나간 자리를 확인하고, 시작점에서 끝점까지 사용한 실의 길이를 각각 구하여 비교한다.

4주 주말 TEST 120 ~ 123 쪽

1 정현	2 은진
3 복조리	4 페루
5 나	6 ㉠ 주전자
7 혜경	8 감나무
9 다	10 가

1 ❶ 민수가 쌓은 뭠틀은 3개, 정현이가 쌓은 뭠틀은 5개이므로 쌓은 뭠틀이 더 많은 사람은 정현이다.
❷ 쌓은 뭠틀의 높이가 더 높은 사람은 정현이다.

참고
모양과 크기가 같은 뭠틀을 위로 많이 쌓을수록 쌓은 높이가 더 높다.

2 ❶ 남은 물의 양을 비교하면 은진이가 영웅이보다 더 적다.
❷ 물을 더 많이 마신 사람은 은진이다.

주의
남은 물의 양이 더 많은 사람이 물을 더 많이 마셨다고 생각하지 않도록 주의한다.

3 ❶ 복주머니와 복조리의 수를 같게 만들기
복주머니 4개를 빼서 복주머니와 복조리가 각각 5개씩 되게 만든다.
❷ 복주머니 5개와 복조리 5개의 무게 비교하기
복조리 5개가 더 무겁다.
❸ 1개의 무게가 더 무거운 것 구하기
복조리 1개가 더 무겁다.

참고
개수가 같을 때 더 무거운 쪽이 1개의 무게도 더 무겁다.

4 ❶ 빨간색 부분은 페루: 2칸, 기니: 1칸, 이탈리아: 1칸이다.
❷ 2, 1, 1 중에서 가장 큰 수는 2이므로 국기에서 빨간색 부분이 가장 넓은 나라는 페루이다.

5 ❶ 나무 위쪽 끝을 기준선으로 하여 길이 비교하기
나무 위쪽 끝을 기준선으로 하여 아래쪽 끝까지의 길이를 비교하면 나, 가, 다의 순서대로 길이가 길다.
❷ 키가 가장 큰 나무 구하기
키가 가장 큰 나무는 나이다.

6 ❶ ㉠ 주전자에 11번, ㉡ 주전자에 9번 부었으므로 물을 부은 횟수가 더 많은 주전자는 ㉠ 주전자이다.
❷ 물을 더 많이 담을 수 있는 주전자는 ㉠ 주전자이다.

참고
똑같은 크기의 컵으로 물을 가득 채울 때 부은 횟수가 많을수록 물이 더 많이 들어간다.

7 ❶ 남은 요구르트의 양을 비교하면 혜경이가 수민이보다 더 적다.
❷ 요구르트를 더 많이 마신 사람은 혜경이다.

참고
• 남은 양이 더 많다. ➔ 더 적게 마셨다.
• 남은 양이 더 적다. ➔ 더 많이 마셨다.

8 ❶ 문제의 조건을 그림으로 나타내기
예
포도나무 사과나무 감나무

참고
비교하여 설명하는 문장에서 중복되는 것은 사과나무이므로 사과나무를 기준으로 정해 둘씩 비교하여 그림을 그린다.

❷ 키가 가장 큰 나무는 감나무이다.

9 ❶ 그릇의 크기가 큰 것부터 순서대로 쓰면 다, 나, 가이다.
❷ 물의 높이가 같으므로 물이 가장 많이 들어 있는 그릇은 다이다.

참고
그릇의 크기가 다를 때 물의 높이가 같으면 그릇의 크기가 클수록 물이 더 많이 들어 있다.

10 ❶ 옥수수를 심은 부분은 가: 8칸, 나: 7칸, 다: 6칸이다.
❷ 8, 7, 6 중에서 가장 큰 수는 8이므로 옥수수를 심은 부분이 가장 넓은 밭은 가이다.

복습책 정답과 해설

1주 9까지의 수

1주 1일 복습 1~2쪽

1 5	2 넷째	3 6
4 5, 6	5 4	6 6, 7, 8

1 ❶ 3부터 7까지의 수를 순서대로 쓰면 3, 4, 5, 6, 7이다.
❷ 위 ❶에서 앞에서부터 셋째에 쓴 수는 5이다.

2 ❶ 2부터 8까지의 수를 순서대로 쓰면 2, 3, 4, 5, 6, 7, 8이다.
❷ 2, 3, 4, 5, 6, 7, 8
첫째 둘째 셋째 넷째
➔ 5는 앞에서부터 넷째에 쓰게 된다.

3 ❶ 3부터 9까지의 수를 수의 순서를 거꾸로 하여 쓰면 9, 8, 7, 6, 5, 4, 3이다.
❷ 위 ❶에서 앞에서부터 넷째에 쓴 수는 6이다.

4 ❶ 2와 7 사이의 수는 3, 4, 5, 6이다.
❷ 위 ❶에서 구한 수 중에서 4보다 큰 수는 5, 6이므로 두 조건을 만족하는 수는 5, 6이다.

5 ❶ 3과 8 사이의 수는 4, 5, 6, 7이다.
❷ 위 ❶에서 구한 수 중에서 6보다 작은 수는 4, 5이다.
❸ 4, 5 중에서 5는 아니라고 했으므로 세 사람이 말한 수를 모두 만족하는 수는 4이다.

6 ❶ □은(는) 3보다 크고 9보다 작으므로 □ 안에 들어갈 수 있는 수는 4, 5, 6, 7, 8이다.
❷ 5는 □보다 작다. ➔ □는 5보다 크다.
□ 안에 들어갈 수 있는 수는 6, 7, 8, 9이다.
❸ □ 안에 공통으로 들어갈 수 있는 수는 6, 7, 8이다.

참고
●가 ■보다 작으면 ■는 ●보다 크다.

1주 2일 복습 3~4쪽

1 튤립	2 진영	3 예은
4 6	5 5	6 6

1 ❶ 꽃의 수를 비교하여 큰 수부터 차례로 쓰면 6, 5, 4이므로 가장 큰 수는 6이다.
❷ 가장 많이 산 꽃은 튤립이다.

2 ❶ 송편의 수를 비교하여 큰 수부터 차례로 쓰면 7, 6, 5이므로 가장 큰 수는 7이다.
❷ 송편을 가장 많이 만든 사람은 진영이다.

참고
채령이가 만든 송편의 개수를 수로 나타내면 5이다.

3 ❶ 예은이가 찬 제기는 7개보다 1개 더 많으므로 8개이다.
❷ 찬 제기의 수를 큰 수부터 차례로 쓰면 8, 7, 6이므로 가장 큰 수는 8이다.
❸ 제기를 가장 많이 찬 사람은 예은이다.

4 ❶ 수 카드의 수를 작은 수부터 순서대로 늘어놓으면 0, 1, 3, 5, 6, 7이다.
❷ 위 ❶에서 앞에서부터 다섯째에 놓인 수는 6이다.

5 ❶ 수 카드의 수를 큰 수부터 순서대로 늘어놓으면 8, 6, 5, 4, 1, 0이다.
❷ 위 ❶에서 뒤에서부터 넷째에 놓인 수는 5이다.

주의
앞에서부터 넷째에 놓이는 수를 구하지 않도록 한다.

6 ❶ 수 카드의 수를 작은 수부터 순서대로 늘어놓으면 0, 2, 3, 5, 6, 7, 8이다.
❷ 위 ❶에서 앞에서부터 넷째에 놓인 수는 5이다.
❸ 5보다 1만큼 더 큰 수는 6이다.

1주 3일 복습 5~6쪽

1 7명	2 6명	3 9병
4 5층	5 6층	6 6층

1 ❶ 5보다 1만큼 더 큰 수는 6이고 6보다 1만큼 더 큰 수는 7이므로 5보다 2만큼 더 큰 수는 7이다.
❷ 요리사를 체험한 학생은 7명이다.

2 ❶ 8보다 1만큼 더 작은 수는 7이고 7보다 1만큼 더 작은 수는 6이므로 8보다 2만큼 더 작은 수는 6이다.
❷ 음악실에 있는 남학생은 6명이다.

3 ❶ 8보다 1만큼 더 작은 수는 7이므로 주스는 7병 있다.
❷ 7보다 1만큼 더 큰 수는 8이고 8보다 1만큼 더 큰 수는 9이므로 7보다 2만큼 더 큰 수는 9이다.
❸ 우유는 9병 있다.

4 ❶ 4보다 1만큼 더 작은 수는 3이므로 미용실은 3층이다.
❷ 3보다 2만큼 더 큰 수는 5이므로 빵집은 5층이다.

참고
한 층 아래에 있다. ➔ 1만큼 더 작은 수를 구한다.
두 층 위에 있다. ➔ 2만큼 더 큰 수를 구한다.

5 ❶ 7보다 2만큼 더 작은 수는 5이므로 한의원은 5층이다.
❷ 5보다 1만큼 더 큰 수는 6이므로 약국은 6층이다.

6 ❶ 5보다 2만큼 더 작은 수는 3이므로 송호는 3층에 살고 있다.
❷ 3보다 3만큼 더 큰 수는 6이므로 유림이는 6층에 살고 있다.

1주 4일 복습 7~8쪽

1 4명	2 4명	3 5명
4 7개	5 5층	6 8명

1 ❶ (앞) ○ ● ○ ○ ○ ○ ● ○
둘째 일곱째
❷ 위 ❶의 그림에서 앞에서부터 둘째와 일곱째 사이에 서 있는 사람은 모두 4명이다.

2 ❶ (앞) ○ ● ○ ○ ○ ○ ● ○ ○ (뒤)
앞에서부터 둘째 뒤에서부터 셋째
❷ 위 ❶의 그림에서 앞에서부터 둘째와 뒤에서부터 셋째 사이에 서 있는 학생은 모두 4명이다.

3 ❶ (앞) ○ ○ ○ ○ ○ ● ○ ○
6등
❷ 3명을 앞질렀을 때의 ○에 색칠한다.
(앞) ○ ○ ● ○ ○ ○ ○ ○
❸ 위 ❷의 그림에서 윤서 뒤에서 달리는 학생은 5명이다.

4 ❶ 노란색 구슬의 순서가 왼쪽에서부터 셋째, 오른쪽에서부터 다섯째가 되도록 ○로 나타낸다.
(왼쪽) ○ ○ ● ○ ○ ○ ○ (오른쪽)
노란색
❷ 위 ❶에서 그린 ○의 수가 7개이므로 구슬은 모두 7개이다.

5 ❶ 민영이네 집의 순서가 아래에서부터 넷째, 위에서부터 둘째가 되도록 층을 ○로 나타낸다.
❷ 위 ❶에서 그린 ○의 수가 5개이므로 민영이네 집이 있는 건물은 5층까지 있다.
(위) ○ ●←민영이네 집 ○ ○ ○ (아래)

6 ❶ 지윤이와 가은이의 순서에 맞게 줄을 서 있는 사람을 ○로 나타낸다.
(앞) ○ ○ ○ ○ ● ● ○ ○ (뒤)
지윤 가은
❷ 위 ❶에서 그린 ○의 수가 8개이므로 줄을 서 있는 사람은 모두 8명이다.

1주 5일 복습 9 ~ 10 쪽

1 6개　　2 7개
3 오리　　4 민유

1 ❶ 세아가 모은 붙임딱지의 수를 세어 보면 7개이다.
❷ 수진이가 모은 붙임딱지는 5개보다 많고 7개보다 적다.
❸ 수진이가 모은 붙임딱지는 5개보다 많고 7개보다 적으므로 6개이다.

2 ❶ 윤영이가 모은 붙임딱지의 수를 세어 보면 8개이다.
❷ 세호가 모은 붙임딱지는 6개보다 많고 8개보다 적다.
❸ 세호가 모은 붙임딱지는 6개보다 많고 8개보다 적으므로 7개이다.

3

(앞)	양	사슴	닭	오리	말	(뒤)
	첫째	둘째	셋째	넷째	다섯째	

❶ 닭은 앞에서부터 세어도, 뒤에서부터 세어도 순서가 같으므로 앞에서부터 셋째에 서 있고 말의 앞에는 넷이 서 있으므로 말은 앞에서부터 다섯째에 서 있다.
❷ 사슴과 말 사이에는 둘이 서 있으므로 사슴은 앞에서부터 둘째에 서 있고 남은 동물은 오리이므로 오리는 앞에서부터 첫째에 서 있다.
❸ 앞에서부터 넷째에 서 있는 동물은 오리이다.

4 ❶

(앞)	선아	민유	영재	동주	지혜	(뒤)
	첫째	둘째	셋째	넷째	다섯째	

선아의 뒤에는 넷이 서 있으므로 선아는 앞에서부터 첫째에 서 있고 영재는 앞에서부터 세어도, 뒤에서부터 세어도 순서가 같으므로 앞에서부터 셋째에 서 있다.
❷ 선아와 동주 사이에는 둘이 서 있으므로 민유는 앞에서부터 둘째에 서 있고 남은 사람은 지혜이므로 지혜는 앞에서부터 다섯째에 서 있다.
❸ 앞에서부터 둘째에 서 있는 사람은 민유이다.

2주 덧셈과 뺄셈

2주 1일 복습 11 ~ 12 쪽

1 4가지　　2 3가지　　3 3개
4 5개　　5 8살　　6 6개

1 ❶ 5 → 1, 4 (유진, 지윤) / 5 → 2, 3 (유진, 지윤) / 5 → 3, 2 (유진, 지윤) / 5 → 4, 1 (유진, 지윤)
❷ 구슬을 나누어 가지는 방법은 모두 4가지이다.

2 ❶
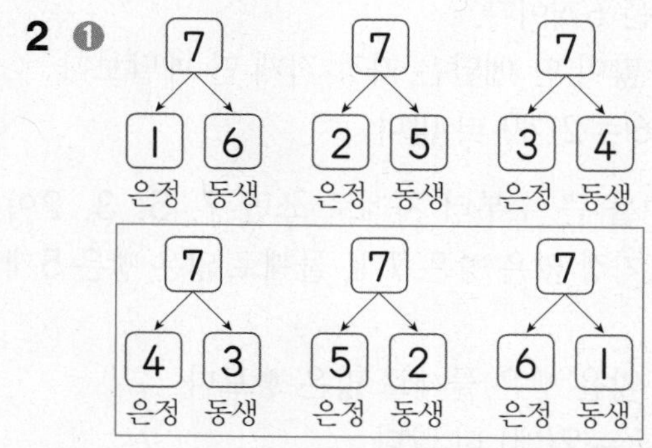

❷ 은정이가 동생보다 공책을 더 많이 가지는 방법은 모두 3가지이다.

3 ❶

❷ 지혜가 풍선을 5개, 승주가 3개 가질 때 지혜가 승주보다 2개 더 많이 가지게 된다.

4 ❶ (재현이가 오늘 먹은 골드키위의 수)
$=3-1=2$(개)
❷ (재현이가 어제와 오늘 먹은 골드키위의 수)
$=3+2=5$(개)

5 ❶ (오빠의 나이)$=3+2=5$(살)
❷ (민희와 오빠의 나이의 합)$=3+5=8$(살)

6 ❶ (민정이가 딴 옥수수의 수)$=5-3=2$(개)
❷ (지아가 딴 옥수수의 수)$=2+2=4$(개)
❸ (민정이와 지아가 딴 옥수수의 수)$=2+4=6$(개)

2주 2일 복습 13 ~ 14쪽

1 3마리	2 2개	3 2개
4 9	5 6	6 2

1 ❶ 동물의 수를 큰 수부터 차례로 쓰면 8, 7, 5이므로 가장 많은 동물은 8마리, 가장 적은 동물은 5마리이다.
❷ 가장 많은 동물은 가장 적은 동물보다 $8-5=3$(마리) 더 많다.

2 ❶ 메달의 수를 큰 수부터 차례로 쓰면 8, 7, 6이므로 가장 많이 딴 메달은 8개, 가장 적게 딴 메달은 6개이다.
❷ 가장 많이 딴 메달은 가장 적게 딴 메달보다 $8-6=2$(개) 더 많다.

3 ❶ 빵 수를 큰 수부터 차례로 쓰면 7, 5, 3, 2이므로 가장 많은 빵은 7개, 둘째로 많은 빵은 5개이다.
❷ 가장 많은 빵은 둘째로 많은 빵보다 $7-5=2$(개) 더 많다.

4 ❶ 합이 가장 크려면 가장 큰 수와 둘째로 큰 수를 더해야 한다.
❷ 수 카드의 수를 큰 수부터 차례로 쓰면 5, 4, 2, 1이므로 가장 큰 수는 5, 둘째로 큰 수는 4이다.
➡ 합이 가장 큰 덧셈식: $5+4=9$

5 ❶ 합이 가장 크려면 가장 큰 수와 둘째로 큰 수를 더해야 한다.
❷ 수 카드의 수를 큰 수부터 차례로 쓰면 5, 3, 2이므로 가장 큰 수는 5, 둘째로 큰 수는 3이다.
➡ 합이 가장 큰 덧셈식: $5+3=8$
❸ 8에서 사용하지 않은 수 2를 빼면 $8-2=6$이다.

6 ❶ 연희: 큰 수부터 차례로 쓰면 6, 3, 1이므로 가장 큰 수는 6, 둘째로 큰 수는 3이다.
➡ 합이 가장 큰 덧셈식: $6+3=9$
❷ 서준: 큰 수부터 차례로 쓰면 4, 3, 2이므로 가장 큰 수는 4, 둘째로 큰 수는 3이다.
➡ 합이 가장 큰 덧셈식: $4+3=7$
❸ 계산 결과의 차는 $9-7=2$이다.

2주 3일 복습 15 ~ 16쪽

1 3장	2 2개	3 2개
4 5개	5 9	6 2

1 ❶ (처음에 있던 전체 색종이의 수)
$=2+4=6$(장)
❷ (꽃을 접는 데 사용한 색종이의 수)
$=6-3=3$(장)

2 ❶ (재진이가 먹고 남은 호두과자의 수)
$=7-2=5$(개)
❷ (형에게 준 호두과자의 수)$=5-3=2$(개)

3 ❶ (처음에 있던 전체 아이스크림의 수)
$=2+4=6$(개)
❷ (유미와 민호가 먹은 아이스크림의 수)
$=6-2=4$(개)
❸ 4를 똑같은 두 수로 가르면 2와 2이므로 민호가 먹은 아이스크림은 2개이다.

4 ❶ 규진이가 처음에 가지고 있던 초콜릿의 수를 □개라 하면 □$+2=8$이다.
❷ ❶을 이용하여 □ 구하기
2와 더해서 8이 되는 수는 6이므로 □$=6$이다.
❸ (승호가 가지고 있는 초콜릿의 수)
$=6-1=5$(개)

5 ❶ 어떤 수를 □라 하여 식 만들기
어떤 수를 □라 하면 □$-2=3$이다.
❷ ❶을 이용하여 □ 구하기
2를 빼서 3이 되는 수는 5이므로 □$=5$이다.
❸ 어떤 수에 4를 더한 값 구하기
어떤 수에 4를 더하면 $5+4=9$이다.

6 ❶ 어떤 수를 □라 하면 잘못 계산한 식은 □$+3=8$이다.
❷ ❶을 이용하여 □ 구하기
3과 더해서 8이 되는 수는 5이므로 □$=5$이다.
❸ 바르게 계산하면 $5-3=2$이다.

2주 4일 복습 17~18쪽

1 5자루, 6자루　2 7개, 2개
3 3마리　4 7명
5 3개　6 4점

1 ❶ (은서가 가지게 되는 연필의 수)
=3+2=5(자루)
❷ (태주가 가지게 되는 연필의 수)
=8−2=6(자루)

2 ❶ (재호가 가지게 되는 솜사탕의 수)
=4+3=7(개)
❷ (미라가 가지게 되는 솜사탕의 수)
=5−3=2(개)

3 ❶ (닭장 안에 있게 되는 닭의 수)
=7−1=6(마리)
❷ (닭장 밖에 있게 되는 닭의 수)
=2+1=3(마리)
❸ (닭의 수의 차)=6−3=3(마리)

4 ❶ (5명이 더 타기 전 사람 수)=8−5=3(명)
❷ (4명이 내리기 전 사람 수)=3+4=7(명)
❸ (처음 마을버스에 타고 있던 사람 수)=7명

5 ❶ (2개를 먹기 전 호떡의 수)=5+2=7(개)
❷ (4개를 더 구워 주시기 전 호떡의 수)
=7−4=3(개)
❸ (처음 접시에 있던 호떡의 수)=3개

참고

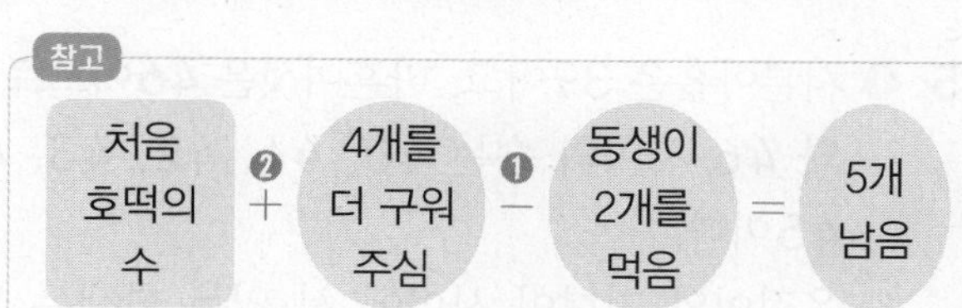

❶ (동생이 2개를 더 먹기 전 호떡의 수)
=(지금 접시에 남아 있는 호떡의 수)+2
❷ (4개를 더 구워 주시기 전 호떡의 수)
=(❶에서 구한 호떡의 수)−4

6 ❶ (게임에서 지기 전 점수)=6+2=8(점)
❷ (게임에서 이기기 전 점수)=8−4=4(점)
❸ (처음에 받은 기본 점수)=4점

2주 5일 복습 19~20쪽

1 2개　2 2개
3 4　4 3

1 ❶ (형과 동생이 가지고 있는 전체 모자의 수)
=2+6=8(개)
❷ 8을 똑같은 두 수로 가르면 4와 4이므로 형과 동생은 모자를 4개씩 가져야 한다.
❸ 동생은 모자를 6개 가지고 있으므로 4개를 가지려면 6−4=2(개)를 형에게 주어야 한다.

2 ❶ (언니와 지수가 가지고 있는 전체 일회용 반창고의 수)=7+2=9(개)
❷ 9를 차가 1이 되게 두 수로 가르면 5와 4이므로 언니는 5개, 지수는 4개를 가져야 한다.
❸ 언니는 일회용 반창고를 7개 가지고 있으므로 5개를 가지려면 7−5=2(개)를 지수에게 주어야 한다.

참고

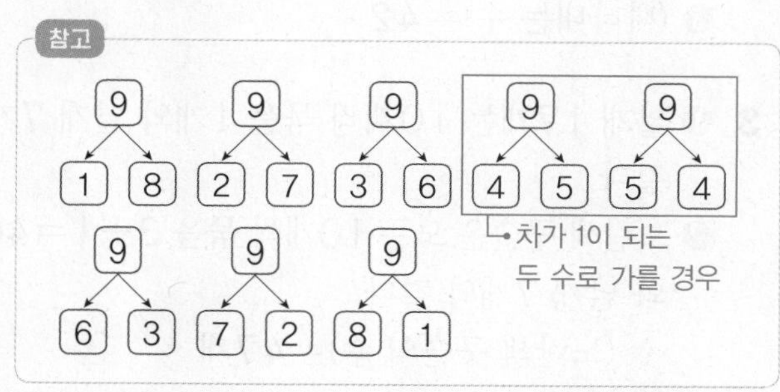

3 ❶ ㉠은 2와 1로 가를 수 있으므로 ㉠에 알맞은 수는 2와 1을 모은 수인 3이다.
❷ 8은 3과 5로 가를 수 있으므로 ㉡에 알맞은 수는 5이다.
❸ 5는 1과 4로 가를 수 있으므로 ㉢에 알맞은 수는 4이다.

4 ❶ ㉠에 알맞은 수 구하기
2와 7을 모으면 9이므로 ㉠은 9이다.
❷ ㉡에 알맞은 수 구하기
㉡은 1과 3으로 가를 수 있으므로 ㉡에 알맞은 수는 1과 3을 모은 수인 4이다.
❸ ㉢에 알맞은 수 구하기
9는 4와 5로 가를 수 있으므로 ㉢에 알맞은 수는 5이다.
❹ ㉣에 알맞은 수 구하기
5는 3과 2로 가를 수 있으므로 ㉣에 알맞은 수는 3이다.

3주 50까지의 수

3주 1일 복습 21 ~ 22 쪽

1 36개	2 42
3 48개	4 36송이
5 35개	6 11개

1 ❶ 낱개 26개는 10개씩 2봉지와 낱개 6개와 같다.
❷ 브로콜리는 모두 10개씩 $1+2=3$(봉지)와 낱개 6개와 같다.
❸ (브로콜리의 수)=36개

2 ❶ 낱개 12개는 10개씩 묶음 1개와 낱개 2개와 같다.
❷ 나타내는 수는 10개씩 묶음 $3+1=4$(개)와 낱개 2개와 같다.
❸ (나타내는 수)=42

3 ❶ 낱개 17개는 10개씩 묶음 1개와 낱개 7개와 같다.
❷ 노란색 구슬은 모두 10개씩 묶음 $3+1=4$(개)와 낱개 7개와 같다.
➔ (노란색 구슬의 수)=47개
❸ 47보다 1만큼 더 큰 수는 48이므로 보라색 구슬은 48개이다.

4 ❶ 해바라기와 백합의 수는 10송이씩 묶음 $2+1=3$(개)와 낱개 $4+2=6$(송이)이다.
❷ (해바라기와 백합의 수)=36송이

5 ❶ 13개는 10개씩 묶음 1개와 낱개 3개이다.
❷ 남은 거울의 수는 10개씩 묶음 $4-1=3$(개)와 낱개 $8-3=5$(개)이다.
❸ (남은 거울의 수)=35개

6 ❶ 진호네 반 학생들이 먹고 남은 컵케이크는 10개씩 $3-1=2$(상자)와 낱개 $8-3=5$(개)이다.
❷ 14개는 10개씩 1상자와 낱개 4개이므로 유리네 반 학생들이 먹고 남은 컵케이크는 10개씩 $2-1=1$(상자)와 낱개 $5-4=1$(개)이다.
❸ (두 반 학생들이 먹고 남은 컵케이크의 수)=11개

3주 2일 복습 23 ~ 24 쪽

1 7마리	2 4개
3 8개	4 5권
5 6명	6 4명

1 ❶ 13마리는 10마리씩 1줄과 낱개 3마리이다.
❷ 10마리씩 2줄이 되려면 낱개의 수가 10마리가 되어야 하므로 명태가 7마리 더 있어야 한다.

2 ❶ 26개는 10개씩 묶음 2개와 낱개 6개이다.
❷ 10개씩 묶음 3개가 되려면 낱개의 수가 10개가 되어야 하므로 은하는 자두를 4개 더 가져야 한다.

3 ❶ 35개는 10개씩 3상자와 낱개 5개이므로 10개씩 4상자가 되려면 야구공은 5개를 더 담아야 한다.
❷ 37개는 10개씩 3상자와 낱개 7개이므로 10개씩 4상자가 되려면 탁구공은 3개를 더 담아야 한다.
❸ 더 담아야 하는 야구공은 5개, 탁구공은 3개이므로 모두 8개이다.

4 ❶ 28과 34 사이의 수는 29, 30, 31, 32, 33이다.
❷ 28번과 34번 사이에 꽂혀 있는 책은 모두 5권이다.

> 주의
> 28과 34 사이의 수에는 28과 34가 포함되지 않는다.

5 ❶ 서른아홉은 39이고, 마흔여섯은 46이므로 39와 46 사이의 수는 40, 41, 42, 43, 44, 45이다.
❷ 은정이와 지현이 사이에 서 있는 학생은 모두 6명이다.

6 ❶ 민호는 뒤에서부터 4번째에 서 있으므로 50부터 거꾸로 4개의 수를 쓰면 50, 49, 48, 47이다. 따라서 민호는 앞에서부터 47번째에 서 있다.
❷ 42와 47 사이의 수는 43, 44, 45, 46이다.
❸ 영채와 민호 사이에 서 있는 학생은 모두 4명이다.

3주 3일 복습 25 ~ 26 쪽

1 7개	2 8개
3 5자루	4 43
5 25	6 31

1 ❶ 5와 9를 모으면 14이므로 두 상자에 들어 있는 장난감은 모두 14개이다.
❷ 14 → 7, 7 → 한 사람이 가질 수 있는 장난감은 7개이다.

2 ❶ 6과 10을 모으면 16이므로 두 접시에 담긴 쿠키는 모두 16개이다.
❷ 16 → 8, 8 → 한 사람이 먹을 수 있는 쿠키는 8개이다.

3 ❶ 4와 7을 모으면 11이므로 전체 색연필은 모두 11자루이다.
❷ 색연필 1자루가 남았으므로 두 사람이 나누어 가진 색연필은 11보다 1만큼 더 작은 수인 10자루이다.
❸ 10 → 5, 5 → 한 사람이 가진 색연필은 5자루이다.

4 ❶ 수 카드의 수를 큰 수부터 차례로 쓰면 4, 3, 1이다.
❷ 10개씩 묶음의 수는 4로 하고, 낱개의 수는 3으로 하여 수를 만든다.
→ 만들 수 있는 가장 큰 수: 43

5 ❶ 수 카드의 수를 작은 수부터 차례로 쓰면 2, 5, 8이다.
❷ 10개씩 묶음의 수는 2로 하고, 낱개의 수는 5로 하여 수를 만든다.
→ 만들 수 있는 가장 작은 수: 25

6 ❶ 수 카드의 수를 큰 수부터 차례로 쓰면 3, 2, 1, 0이다.
❷ 10개씩 묶음의 수는 3으로 하고, 낱개의 수는 2로 하여 수를 만든다.
→ 만들 수 있는 가장 큰 수: 32
❸ 만들 수 있는 두 번째로 큰 수: 31

3주 4일 복습 27 ~ 28 쪽

1 김치만두	2 삼촌
3 샌드위치	4 6개
5 32, 34, 43, 45	6 24

1 ❶ 새우만두의 수: 10개씩 묶음 2개와 낱개 6개
→ 26개
❷ 18, 32, 26 중 가장 큰 수는 32이다.
→ 가장 많은 만두: 김치만두

2 ❶ 아버지의 나이: 서른일곱 살 → 37살
삼촌의 나이: 서른네 살 → 34살
❷ 37, 36, 34 중 가장 작은 수는 34이다.
→ 나이가 가장 적은 사람: 삼촌

3 ❶ 떡꼬치의 수: 39보다 1만큼 더 큰 수 → 40개
핫도그의 수: 10개씩 묶음 3개와 낱개 9개
→ 39개
샌드위치의 수: 45개
❷ 40, 39, 45 중 가장 큰 수는 45이다.
→ 가장 많은 것: 샌드위치

4 ❶ 30과 40 사이의 수는 10개씩 묶음의 수가 3이다.
❷ 낱개의 수는 3보다 커야 하므로 낱개의 수가 될 수 있는 수는 4, 5, 6, 7, 8, 9이다.
❸ 설명을 모두 만족하는 수: 34, 35, 36, 37, 38, 39이므로 6개이다.

5 ❶ 30과 50 사이의 수는 10개씩 묶음의 수가 3이거나 4이다.
❷ 10개씩 묶음의 수가 3일 때 낱개의 수가 될 수 있는 수는 2, 4이고, 10개씩 묶음의 수가 4일 때 낱개의 수가 될 수 있는 수는 3, 5이다.
❸ 설명을 모두 만족하는 수: 32, 34, 43, 45

6 ❶ 10과 30 사이의 수는 10개씩 묶음의 수가 1이거나 2이다.
❷ 10개씩 묶음의 수가 1일 때 낱개의 수가 될 수 있는 수는 5이고, 10개씩 묶음의 수가 2일 때 낱개의 수가 될 수 있는 수는 4이다. → 15, 24
❸ 15와 24 중에서 낱개의 수가 10개씩 묶음의 수보다 2만큼 더 큰 수는 24이다.

3주 5일 복습 29 ~ 30쪽

1 9개	2 12개
3 2, 3	4 10

1 ❶ 첫째 판에서 두 사람이 펼친 손가락의 수 구하기
첫째 판에서 둘 다 가위를 냈으므로 펼친 손가락의 수 2와 2를 모은다. ➔ 4개
❷ 둘째 판에서 두 사람이 펼친 손가락의 수 구하기
둘째 판에서 서준이가 보를 내어 이겼으므로 민영이는 바위를 냈다.
펼친 손가락의 수 5와 0을 모은다. ➔ 5개
❸ 둘째 판까지 두 사람이 펼친 손가락의 수 모두 구하기
4와 5를 모으면 9이므로 둘째 판까지 두 사람이 펼친 손가락은 모두 9개이다.

2 ❶ 첫째 판에서 소진이가 바위를 내어 졌으므로 재현이는 보를 냈다.
펼친 손가락의 수 0과 5를 모은다. ➔ 5개
❷ 둘째 판에서 재현이가 보를 내어 졌으므로 소진이는 가위를 냈다.
펼친 손가락의 수 5와 2를 모은다. ➔ 7개
❸ 5와 7을 모으면 12이므로 둘째 판까지 두 사람이 펼친 손가락은 모두 12개이다.

3 ❶ 6과 모아서 8이 되는 수는 2이므로 귤의 수는 2이다.
❷ 5는 2와 3으로 가를 수 있으므로 감의 수는 3이다.

4 ❶ 8과 모아서 12가 되는 수는 4이므로 사탕의 수는 4이다.
❷ 6은 4와 2로 가를 수 있으므로 쿠키의 수는 2이다.
❸ 12는 2와 10으로 가를 수 있으므로 사탕, 초콜릿, 젤리의 수를 모으면 10이다.

다르게 풀기
❶ 6과 모아서 12가 되는 수는 6이므로 초콜릿과 젤리의 수를 모으면 6이다.
❷ 8은 6과 2로 가를 수 있으므로 쿠키의 수는 2이다.

4주 비교하기

4주 1일 복습 31 ~ 32쪽

1 은미	2 노란색 쌓기나무
3 바지	4 에어컨
5 당근	6 성호

1 ❶ 은미가 쌓은 벽돌은 7개, 찬원이가 쌓은 벽돌은 5개이므로 쌓은 벽돌이 더 많은 사람은 은미이다.
❷ 쌓은 벽돌의 높이가 더 높은 사람은 은미이다.

2 ❶ 유정이가 쌓은 노란색 쌓기나무는 6개, 빨간색 쌓기나무는 8개이므로 더 적게 쌓은 쌓기나무는 노란색 쌓기나무이다.
❷ 쌓은 높이가 더 낮은 것은 노란색 쌓기나무이다.

3 ❶ 바지를 담은 상자는 18개, 치마를 담은 상자는 12개, 원피스를 담은 상자는 15개이므로 가장 높이 쌓은 상자는 바지를 담은 상자이다.
❷ 바지를 담은 상자를 쌓은 높이가 가장 높으므로 가장 많이 주문 받은 물건은 바지이다.

4 ❶
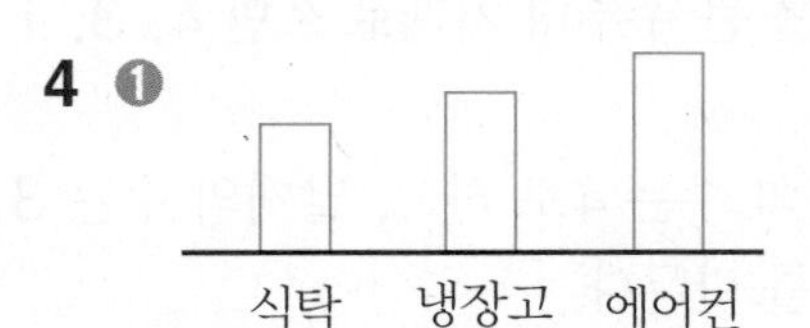

❷ 가장 높은 것은 에어컨이다.

5 ❶
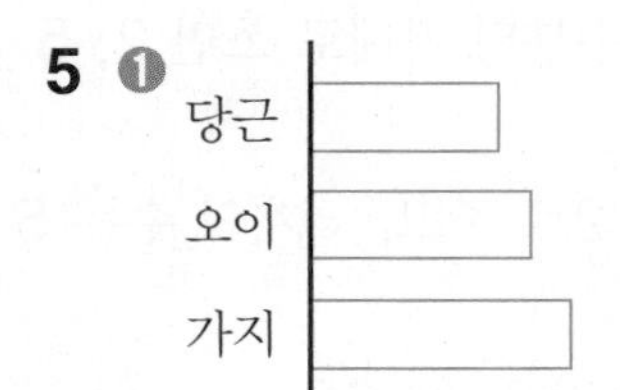

❷ 길이가 가장 짧은 것은 당근이다.

6 ❶
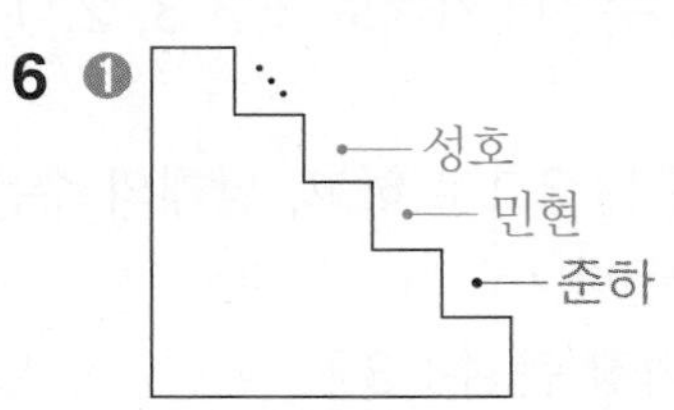

❷ 가장 높은 곳에 있는 사람은 성호이다.

4주 2일 복습 33 ~ 34 쪽

1 재현	2 지윤
3 민주, 경미, 태희	4 항아리
5 냄비	6 가

1 ❶ 남은 포도주스의 양을 비교하면 재현이가 윤영이보다 더 적다.
❷ 포도주스를 더 많이 마신 사람은 재현이다.

참고
남은 주스의 양이 적을수록 많이 마신 것이다.

2 ❶ 남은 콜라의 양을 비교하면 지윤이가 은혜보다 더 적다.
❷ 콜라를 더 많이 마신 사람은 지윤이다.

3 전략
'물을 적게 흘린 사람부터'
='물통에 남은 물의 양이 많은 사람부터'로 생각하자.

❶ 물통에 남은 물의 양은 민주가 가장 많고, 태희가 가장 적다.
❷ 물을 가장 적게 흘린 사람은 물통에 남은 물의 양이 가장 많은 민주이고, 가장 많이 흘린 사람은 물통에 남은 물의 양이 가장 적은 태희이다. 따라서 물을 적게 흘린 사람부터 순서대로 이름을 쓰면 민주, 경미, 태희이다.

4 ❶ 수조는 바가지로 6번, 항아리는 바가지로 8번 퍼냈으므로 물을 퍼낸 횟수가 더 많은 것은 항아리이다.
❷ 물을 더 많이 담을 수 있는 것은 항아리이다.

참고
한 번에 퍼내는 물의 양이 일정하므로 물을 퍼낸 횟수가 더 많은 것이 물이 더 많이 들어 있던 것이다.

5 ❶ 냄비로 7번, 생수병으로 11번 부었으므로 물을 부은 횟수가 더 적은 것은 냄비이다.
❷ 담을 수 있는 양이 더 많은 것은 냄비이다.

6 ❶ 가 컵으로 5번, 나 컵으로 9번, 다 컵으로 7번 부었으므로 부은 횟수가 적은 것부터 차례로 기호를 쓰면 가, 다, 나이다.
❷ 담을 수 있는 양이 가장 많은 컵은 가이다.

4주 3일 복습 35 ~ 36 쪽

1 다	2 나
3 가	4 다
5 예준	6 라

1 ❶ 빨간색 부분이 가: 3칸, 나: 2칸, 다: 4칸이다.
❷ 3, 2, 4 중에서 가장 큰 수는 4이므로 빨간색 부분이 가장 넓은 방석은 다이다.

2 ❶ 잔디를 심은 부분은 가: 8칸, 나: 10칸, 다: 9칸이다.
❷ 8, 10, 9 중에서 가장 큰 수는 10이므로 잔디를 심은 부분이 가장 넓은 화단은 나이다.

3 ❶ 예 가 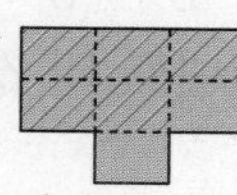 나 다 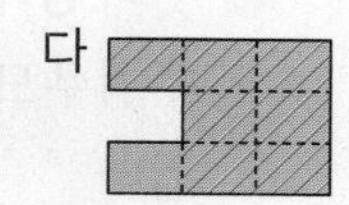

가는 2칸, 나는 3칸, 다는 1칸을 남겨놓고 옥수수를 심은 부분을 색칠하면 색칠한 칸은 가: 5칸, 나: 6칸, 다: 7칸이다.
❷ 5, 6, 7 중에서 가장 작은 수는 5이므로 옥수수를 심은 부분이 가장 좁은 밭은 가이다.

4 ❶ 선풍기 위쪽 끝을 기준선으로 하여 아래쪽 끝까지의 길이를 비교하면 다, 가, 나의 순서대로 길이가 길다.
❷ 높이가 가장 높은 선풍기는 다이다.

5 ❶ 머리끝을 기준선으로 하여 발끝까지의 길이를 비교하면 민호, 예준, 보라의 순서대로 길이가 길다.
❷ 키가 둘째로 큰 친구는 예준이다.

6 ❶ 세운 막대의 길이가 같으므로 연못의 바닥이 깊을수록 물 위에 보이는 막대의 길이는 짧아진다.
❷ 연못의 바닥이 가장 깊은 곳은 물 위에 보이는 막대의 길이가 가장 짧은 라이다.

참고
강물의 바닥이 깊을수록 물 위에 보이는 막대의 길이는 짧아진다.

4주 4일 복습 37 ~ 38 쪽

1 위인전	2 나
3 가	4 나
5 ㉠	

1 ❶ 동화책 1권을 빼서 동화책과 위인전이 각각 4권씩 되게 만들면
❷ 위인전 4권이 더 무거우므로
❸ 위인전 1권이 더 무겁다.

2 ❶ 가 상자에서 못 1개를 꺼내 두 상자 모두 못이 3개씩 있도록 만들면
❷ 나 상자에서는 하나도 꺼낸 것이 없으므로 못 3개가 들어 있는 나 상자가 더 무겁다.
❸ 못이 3개씩 들어 있는 두 상자 중 나 상자가 더 무거우므로 못을 모두 꺼내도 나 상자가 더 무겁다.

3 ❶ 나와 다를 비교해 보면 그릇의 크기가 더 큰 다에 물이 더 많이 들어 있다.
가와 다를 비교해 보면 물의 높이가 더 높은 가에 물이 더 많이 들어 있다.
❷ 물이 가장 많이 들어 있는 그릇은 가이다.

4 ❶ 물의 높이가 같으므로 나의 컵에 부은 물의 양이 더 적다.
❷ 컵에 부은 물의 양이 적으면 냄비에 남은 물의 양이 더 많다. 따라서 냄비에 남은 물의 양이 더 많은 것은 나이다.

5 ❶ 가는 물의 높이가 1칸에서 4칸으로 3칸 올라갔고, 나는 물의 높이가 2칸에서 4칸으로 2칸 올라갔다.
❷ 물이 더 많이 들어 있던 물병은 물의 높이가 더 많이 높아진 ㉠이다.

4주 5일 복습 39 ~ 40 쪽

1 다	2 라
3 2번	4 3번

1 ❶ 가장 높은 소리가 나는 병을 찾으려면 물의 높이가 가장 낮은 병을 찾는다.
❷ 물의 높이가 낮은 병부터 순서대로 기호를 쓰면 다, 가, 라, 나이다.
❸ 물의 높이가 낮을수록 높은 소리가 나므로 가장 높은 소리가 나는 병은 다이다.

2 ❶ 가장 낮은 소리가 나는 병을 찾으려면 물의 높이가 가장 높은 병을 찾는다.
❷ 물의 높이가 높은 병부터 순서대로 기호를 쓰면 라, 나, 가, 다이다.
❸ 물의 높이가 높을수록 낮은 소리가 나므로 가장 낮은 소리가 나는 병은 라이다.

3 ❶ 3번 막대보다 긴 막대와 짧은 막대의 개수는 같으므로 왼쪽부터 짧은 막대를 놓을 때 3번 막대의 위치에 번호를 쓰면

		3		

이다.

❷ 4번 막대는 3번 막대보다 길고 1번 막대보다 짧으므로 4번과 1번 막대의 위치에 번호를 쓰면

		3	4	1

이다.

❸ 5번 막대는 3번 막대보다 짧고 2번 막대보다 길므로 2번과 5번 막대의 위치에 번호를 쓰면

2	5	3	4	1

이다.

➡ 가장 짧은 막대에 적힌 번호는 2번이다.

4 ❶ 5번 막대보다 긴 막대와 짧은 막대의 개수는 같으므로 왼쪽부터 짧은 막대를 놓을 때 5번 막대의 위치에 번호를 쓰면

		5		

이다.

❷ 4번 막대는 5번 막대보다 길고 3번 막대보다 짧으므로 4번과 3번 막대의 위치에 번호를 쓰면

		5	4	3

이다.

❸ 2번 막대는 5번 막대보다 짧고 1번 막대보다 길므로 2번과 1번 막대의 위치에 번호를 쓰면

1	2	5	4	3

이다.

➡ 가장 긴 막대에 적힌 번호는 3번이다.

정답은
이안에
있어!

수학 전문 교재

●연산 학습

교재	대상
빅터연산	예비초~6학년, 총 20권
창의융합 빅터연산	예비초~4학년, 총 16권

●개념 학습

교재	대상
개념클릭 해법수학	1~6학년, 학기용

●수준별 수학 전문서

교재	대상
해결의법칙(개념/유형/응용)	1~6학년, 학기용

●서술형·문장제 문제해결서

교재	대상
수학도 독해가 힘이다	1~6학년, 학기용
초등 문해력 독해가 힘이다 문장제 수학편	1~6학년, 총 12권

●단원평가 대비

교재	대상
수학 단원평가	1~6학년, 학기용

●단기완성 학습

교재	대상
초등 수학전략	1~6학년, 학기용

●상위권 학습

교재	대상
최고수준 S	1~6학년, 학기용
최고수준 수학	1~6학년, 학기용
최강 TOT 수학	1~6학년, 학년용

●경시대회 대비

교재	대상
해법 수학경시대회 기출문제	1~6학년, 학기용

국가수준 시험 대비 교재

교재	대상
●해법 기초학력 진단평가 문제집	2~6학년·중1 신입생, 총 6권
●국가수준 학업성취도평가 문제집	6학년

예비 중등 교재

교재	대상
●해법 반편성 배치고사 예상문제	6학년
●해법 신입생 시리즈(수학/영어)	6학년

맞춤형 학교 시험대비 교재

교재	대상
●열공 전과목 단원평가	1~6학년, 학기용(1학기 2~6년)

한자 교재

교재	대상
●해법 NEW 한자능력검정시험 자격증 한번에 따기	6~3급, 총 8권
●씽씽 한자 자격시험	8~7급, 총 2권
●한자전략	1~6학년, 총 6단계